Mitarbeiterführung

Praxis der Personalpsychologie

Human Resource Management kompakt

Band 20

Mitarbeiterführung

von Jörg Felfe

Herausgeber der Reihe:

Prof. Dr. Heinz Schuler, Dr. Rüdiger Hossiep,
Prof. Dr. Martin Kleinmann, Prof. Dr. Werner Sarges

Mitarbeiterführung

von

Jörg Felfe

HOGREFE
GÖTTINGEN · BERN · WIEN · PARIS · OXFORD · PRAG · TORONTO
CAMBRIDGE, MA · AMSTERDAM · KOPENHAGEN · STOCKHOLM

Prof. Dr. Jörg Felfe, geb. 1963, Studium der Psychologie an der Freien Universität in Berlin, 1991 Promotion, seit 1992 tätig als Trainer, Berater und Coach, 2003 Habilitation; Seit 2006 Professor für Sozial- und Organisationspsychologie an der Universität Siegen. Schwerpunkte: Führung, Commitment, Personalentwicklung, Mitarbeiterbefragungen.

Bibliografische Information der Deutschen Nationalbibliothek

Die Deutsche Nationalbibliothek verzeichnet diese Publikation in der Deutschen Nationalbibliografie; detaillierte bibliografische Daten sind im Internet über http://dnb.d-nb.de abrufbar.

Göttingen · Bern · Wien · Paris · Oxford · Prag · Toronto
Cambridge, MA · Amsterdam · Kopenhagen · Stockholm
Rohnsweg 25, 37085 Göttingen

http://www.hogrefe.de
Aktuelle Informationen • Weitere Titel zum Thema • Ergänzende Materialien

---

Umschlagabbildung: © moodboard - Fotolia.com
Satz: Grafik-Design Fischer, Weimar
Druck: AZ Druck und Datentechnik GmbH, Kempten
Printed in Germany
Auf säurefreiem Papier gedruckt

ISBN 978-3-8017-2082-7

Inhaltsverzeichnis

Karten:

Checkliste zur Durchführung eines Zielvereinbarungsgesprächs
Checkliste zur Durchführung eines Beurteilungs- bzw. Personalentwicklungsgesprächs

Checkliste zur Durchführung eines Coachinggesprächs I
Checkliste zur Durchführung eines Coachinggesprächs II

1 Einleitung

Der vorliegende Band richtet sich an Personalmanager, Führungskräfte und andere Interessierte, die sich professionell mit dem Thema Mitarbeiterführung beschäftigen. Ob für die Entwicklung von Führungskräften durch Training und Coaching, die Auswahl und Förderung des Führungsnachwuchses oder die Diagnose, Gestaltung und Veränderung der Führungskultur in einer Organisation oder die Implementierung von Führungsinstrumenten für den operativen Führungsalltag, bei all diesen Aufgaben und Herausforderungen benötigen Personalverantwortliche und Führungskräfte Theorien, Konzepte und Modelle der Mitarbeiterführung als Grundlage für die Gestaltung und Entwicklung ihrer Maßnahmen. Dabei stellen sich immer wieder folgende Fragen:

- Was ist Führung?
- Was ist gute und effiziente Führung?
- Wie kann man Führung lernen bzw. trainieren?
- Mit welchen Techniken und Instrumenten lässt sich erfolgreiche Führung umsetzen?

Auch wenn Führung in diesem Band im Mittelpunkt steht, ist sicherlich auch die immer wieder gestellte Frage ernst zu nehmen, ob Führung und damit Führungskräfte in ihrer Bedeutung für den Unternehmenserfolg nicht grundsätzlich überschätzt werden. Inwieweit hängt der Unternehmenserfolg tatsächlich von der Führung ab, oder handelt es sich bei der Annahme, dass Führung eine wesentliche Rolle spielt, eher um eine Illusion, weil andere Faktoren viel relevanter sind? Diese kritische Perspektive bedeutet, dass neben der Führung die Möglichkeiten aber auch Restriktionen der jeweiligen Situation angemessen berücksichtigt werden müssen.

Außerdem darf die Rolle der Mitarbeiter nicht außer Acht gelassen werden. Führung ist keine Einbahnstraße, bei der nur die Führungskraft agiert und beeinflusst. Vielmehr ist Führung ein komplexer und interaktiver Prozess, bei dem sich die beteiligten Akteure vor dem Hintergrund einer bestimmten Situation gegenseitig beeinflussen.

Die einschlägige Führungsliteratur bietet umfangreiche Möglichkeiten sich eher von wissenschaftlicher Seite oder eher praxisnah über die wesentlichen Konzepte, Techniken und Befunde zu orientieren. Das vorliegende Buch ist allerdings weder ein Praxisratgeber noch ein Reviewbook, das den wissenschaftlichen Stand der Führungsforschung vollständig darstellt. Vielmehr soll es vor allem wissenschaftlich interessierten Praktikern einen kompakten Überblick über die wesentlichen Theorien und Modelle bieten, um sich darin leichter zurechtzufinden und konkrete Maßnahmen vor diesem Hintergrund besser verstehen, einordnen und bewerten zu können.

All diese Theorien und Modelle versuchen aus unterschiedlichen Blickwinkeln die oben formulierte Frage nach guter und effizienter bzw. erfolgreicher Führung zu beantworten. Hierzu gehört auch, dass auf die jeweiligen wissenschaftlichen Erkenntnisse und empirischen Befunde hingewiesen wird, um den Nutzen der Ansätze für die Praxis besser abschätzen zu können. Diesen Überblick liefert vor allem Kapitel 2.

Im dritten Kapitel geht es um die Frage, wie Führung entwickelt werden kann. Voraussetzung für sinnvolle Interventionsmaßnahmen ist eine genaue Kenntnis der Ausgangslage und damit die Diagnose von Führung. Hierfür wurden in der Vergangenheit zahlreiche Instrumente entwickelt, von denen einige exemplarisch vorgestellt werden. Zu den wichtigsten Personalentwicklungsmaßnahmen für Führungskräfte zählen u. a. Auswahlinstrumente, Training und Coaching sowie Beurteilungssysteme. Dieser Maßnahmenkatalog liefert konkrete Ansatzpunkte und weitergehende Anregungen zur Führungskräfteentwicklung.

Im Mittelpunkt des vierten Kapitels stehen konkrete Führungstechniken und Instrumente. In kurzer und kompakter Form kann sich der Leser einen Überblick über die wesentlichen Techniken und Instrumente verschaffen, die sich im Führungsalltag als nützlich und unerlässlich erwiesen haben. Ein Praxisbeispiel zur Durchführung einer Vorgesetztenbeurteilung wird in Kapitel 5 vorgestellt.

1.1 Was bedeutet Führung in einer Organisation: Begriffe und Definitionen

1.1.1 Unternehmensführung, Personalmanagement und personale Führung

Führung in Organisationen

Wenn von „Führung“ gesprochen wird, ist damit meist Mitarbeiterführung in Organisationen gemeint. Das Spektrum unterschiedlicher Organisationen ist dabei ebenso vielfältig wie die Ziele, die sie verfolgen. Ganz allgemein versteht man unter einer *Organisation* ein soziales Gebilde, das dauerhaft ein Ziel verfolgt und eine formale Struktur aufweist, mit deren Hilfe Aktivitäten der Mitglieder auf das verfolgte Ziel ausgerichtet werden. Damit gehören neben privaten Unternehmen, die wirtschaftliche Ziele verfolgen, Behörden und Verwaltungen des öffentlichen Dienstes sowie Einrichtungen des Gesundheitswesens als non-profit Organisationen ebenfalls zu diesem breiten Spektrum. Nicht zu vergessen sind Organisationen, bei denen ehrenamtliches Engagement im Vordergrund steht. Hierzu gehören Vereine, Verbünde, Parteien etc.

Der Begriff Mitarbeiterführung macht aber deutlich, dass es durchaus wichtig sein kann, diesen Bereich der Führung von anderen wie z. B. der *Unternehmensführung* abzugrenzen. Unternehmensführung oder Geschäftsführung können als Oberbegriffe verstanden werden, die alle Bereiche, die zur „Führung" oder zum „Management" einer Organisation erforderlich sind, umfassen. Diese Aufgaben werden durch Geschäftsführer, Vorstände, Inhaber etc. wahrgenommen. Am Beispiel eines Freiberuflers oder Einmannunternehmens wird deutlich, dass Geschäftsführungen nicht notwendig Personalführung beinhalten. Zu den zentralen Geschäftsführungsbereichen gehört neben Finanzen, Controlling, Organisation, Marketing, Vertrieb etc., auch der Bereich des Personals, sobald Mitarbeiter beschäftigt werden.

Unternehmensführung

Das Management des gesamten Personals als eine Funktion der Unternehmensführung wird dann als *Personalmanagement* oder Personalwesen bezeichnet. Hierzu gehören die Personalbeschaffung, Verwaltung und die Aus- und Weiterbildung bzw. Personalentwicklung. Die Verantwortung des Personalmanagements erstreckt sich auf alle Mitarbeiter einer Organisation. Dazu gehören naturgemäß auch die Führungskräfte. Damit zählen die Auswahl und Entwicklung von Führungskräften sowie die Gestaltung der Mitarbeiterführung in einer Organisation durch z. B. Leitlinien und Instrumente zu den zentralen Aufgaben des Personalmanagements.

Personalmanagement

Bei der Unternehmensführung und dem Personalmanagement handelt es sich um allgemeine Steuerungsfunktionen, die die ganze Organisation oder Teilfunktionen betreffen. Hierzu gehören Strukturen, Aufbau- und Ablauforganisation, der Spezialisierungsgrad, der Technikeinsatz, Entlohnungs- und Anreizsysteme etc. Diese Art der Führung wird daher auch als *„entpersonalisiert"* bezeichnet (Türk, 1995). Da die Strukturen und organisationalen Rahmenbedingungen aber auch das Erleben und Verhalten von Mitarbeitern steuern, ohne dass Führungskräfte unmittelbar Einfluss auf ihre Mitarbeiter nehmen, wird hier auch von *„Führungssubstituten"* gesprochen (Kerr & Jermier, 1978).

Unter *personaler Führung* oder Mitarbeiterführung wird hingegen die direkte und zielgerichtete Einflussnahme von Vorgesetzten auf Mitarbeiter in Organisationen verstanden. Interessanterweise können Strukturen bzw. Führungssubstitute durch Führungskräfte direkt ausgeübte personale Führung unterstützen aber auch neutralisieren.

Personale Führung

Merkmale von *personaler Führung* oder Mitarbeiterführung
– direkte Einflussnahme von Vorgesetzten auf Mitarbeiter – zielgerichtet – in Organisationen

Zentrales Merkmal personaler Führung ist die *Interaktion* zwischen den beteiligten Personen. Hierzu einige Definitionen namhafter Führungsforscher:

„Führung [ist] der Prozess der Beeinflussung der Aktivitäten einer organisierten Gruppe in Richtung auf Zielsetzung und Zielerreichung" (Stogdill, 1950, S. 4)

„Führung heißt eine Handlung vollziehen, die – als Teil eines gemeinsamen Problemlösungsprozesses – Struktur in eine Interaktion bringt" (Hemphill, 1967, S. 98)

Staehle (1999) versteht unter Führung die Beeinflussung der Einstellungen und des Verhaltens von Einzelpersonen sowie der Interaktionen in und zwischen Gruppen, mit dem Zweck, bestimmte Ziele zu erreichen.

Führung als Beeinflussung

Etwas allgemeiner definieren Wunderer und Grunwald (1980) Führung daher als einen Sammelbegriff für alle Interaktionsprozesse, bei denen sich Personen im organisationalen Kontext gegenseitig beeinflussen, um in Hinblick auf die Ziele der Organisation gemeinsame Aufgaben zu erfüllen. Diese Definitionen verzichten zum Teil bewusst auf die Unterscheidung zwischen Vorgesetztem und Mitarbeiter und machen damit deutlich, dass auch Mitarbeiter ihre Vorgesetzten beeinflussen („Führung von unten") und Führung auch auf gleicher Ebene ohne formale Hierarchie stattfindet („laterale Führung"). Staehle (1999) ergänzt daher, dass „Führung als Funktion eine Rolle [ist], die von Gruppenmitgliedern in unterschiedlichem Umfang wahrgenommen wird".

Das Bewusstsein und die Aufmerksamkeit für diese erweiterte Blickweise dürfen jedoch nicht darüber hinwegtäuschen, dass das Hauptaugenmerk der Mitarbeiterführung in Organisationen auf der Beeinflussung von Mitarbeitern durch Führungskräfte liegt. Damit wird zwischen einem *erweiterten Begriff von Führung*, der alle Formen gegenseitiger Beeinflussung umfasst, und der *Mitarbeiterführung im engeren Sinne* unterschieden, mit der insbesondere die Beeinflussung von Mitarbeitern durch Führungskräfte gemeint ist (siehe Abb. 1).

Führung als Interaktion

Wie das Beispiel der Führungssubstitute und das Stichwort der „Führung von unten" zeigen, darf diese Blickrichtung auch nicht dahingehend eingeengt und fehlinterpretiert werden, dass Führung nur durch Führungskräfte ausgeübt wird. Wenn im Folgenden der Fokus auf der Interaktion zwischen Führungskraft und Mitarbeiter liegt, soll daher nicht außer Acht gelassen werden, dass Führung im Sinne von sozialer Einflussnahme in Organisationen auch in entpersonalisierter Form durch Strukturen (z.B.

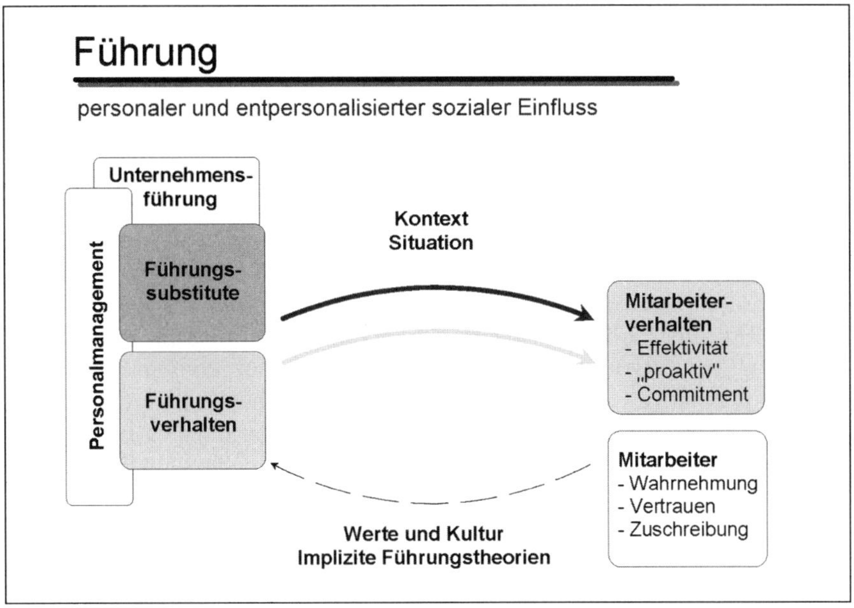

Abbildung 1:
Einflüsse in der Führung

Hierarchie, Substitute) und andere Personen, die nicht hierarchisch überstellt sind, wahrgenommen und ausgeübt wird.

Bei dem Blick auf Mitarbeiterführung im engeren Sinne, mit der insbesondere die Beeinflussung von Mitarbeitern durch Führungskräfte gemeint ist, müssen zwei weitere Punkte angesprochen werden, die die Sicht einer einfachen Einflussnahme relativieren.

Führung von unten

Eine relativierende Perspektive ergibt sich aus einer stärker *mitarbeiterorientierten* Sicht. Dabei wird betont, dass es sehr wohl auf die Mitarbeiter ankommt, ob eine Führungskraft als einflussreich wahrgenommen wird und mit ihren Einflussversuchen erfolgreich ist. Bei dieser Sichtweise liegt das Augenmerk nicht auf denjenigen, die Einfluss ausüben, sondern auf den Rezepienten, die das Handeln einer Führungskraft erkennen und anerkennen müssen. Führung ist aus dieser Sicht ein Ergebnis sozialer Informationsverarbeitungsprozesse. Kategorisierungsprozesse und Attribution sind wichtige Bestandteile einer sozialen Konstruktion von Führung. Führung ist demnach der „Prozess, der dazu führt, von anderen als Führungskraft wahrgenommen zu werden“ (Lord & Maher, 1991, S. 11) oder noch deutlicher „eine konstruierte gesellschaftliche Realität“ (Müller & Dachler, 1988, S. 44).

Führung als soziale Konstruktion

Eine zweite Relativierung der Mitarbeiterführung im engeren Sinne setzt an der grundsätzlichen Bedeutung und den Einflussmöglichkeiten von Führungskräften an. Sicherlich haben Führungskräfte eine große Verantwortung und tragen durch ihr Führungsverhalten mehr oder weniger effizient zum Erfolg der Organisation bei. Vor allem die sogenannten *„Great Man Theorien"* räumen der Bedeutung von Führung und insbesondere einzelnen Führungskräften einen außerordentlichen Stellenwert ein. Allerdings sind für den Gesamterfolg eine Reihe anderer Faktoren von Bedeutung, was zahlreiche Kritiker auf den Plan gerufen hat, die die Ansicht vertreten, dass Führung mystifiziert und romantisiert wird (Meindl, Ehrlich & Dukerich, 1985). Die vielfach kritisierte *Romantisierung* im Sinn einer Überschätzung der Bedeutung der Führung für den Unternehmenserfolg mag zumindest zum Teil aber auch daher rühren, dass nur unzureichend zwischen Unternehmensführung und Mitarbeiterführung unterschieden wird. Strategische Managemententscheidungen von weitreichender Bedeutung, wie z. B. Fusionen oder neue Produktentwicklungen, sind sicherlich maßgeblich für die Unternehmensentwicklung, werden aber alltagssprachlich ebenso wie der Umgangsstil zwischen Führungskraft und Mitarbeiter auch als Führung bezeichnet.

Wenden wir uns also im Folgenden der Interaktion zwischen Führungskraft und Mitarbeiter zu. Was verbirgt sich konkret hinter dem allgemeinen Begriff der Einflussnahme und welche Aufgaben und Funktionen muss Mitarbeiterführung erfüllen?

1.1.2 Aufgaben und Funktionen personaler Führung

Führung heißt Leistung ermöglichen

Mitarbeiterführung hat als Ziel, das Verhalten von Mitarbeitern im Sinne der Organisationsziele zu steuern (Neuberger, 2002; Wegge, 2004; Yukl, 2002). Daraus ergeben sich zahlreiche Aufgaben und Funktionen wie Anweisung, Delegation, Kontrolle, Koordination und Unterstützung etc. Hierzu wurden zahlreiche Aufgabenkataloge und Funktionslisten entwickelt. Da sie sich weniger an der tatsächlichen Führungsrealität, sondern vor allem an einem Organisationsmodell orientieren, werden sie auch als *normative Ansätze* bezeichnet. Die wesentliche Aufgabe personaler Führung besteht darin, zur Erreichung der Ziele der Organisation beizutragen, indem *Leistung der Mitarbeiter* gefordert und gefördert wird.

Einem einfachen Modell folgend (s. Abbildung 2), hängt die Leistung von Mitarbeitern von drei wesentlichen Faktoren ab (Bühler & Siegert, 1999). Die erste Voraussetzung ist, dass die Mitarbeiter über die Kenntnisse und Fertigkeiten (Können) verfügen, die zur erfolgreichen Aufgabenbewältigung erforderlich sind. Mittlerweile spricht man hier von *Handlungskompetenz*, die neben fachlichen Kompetenzen vor allem auch überfachliche

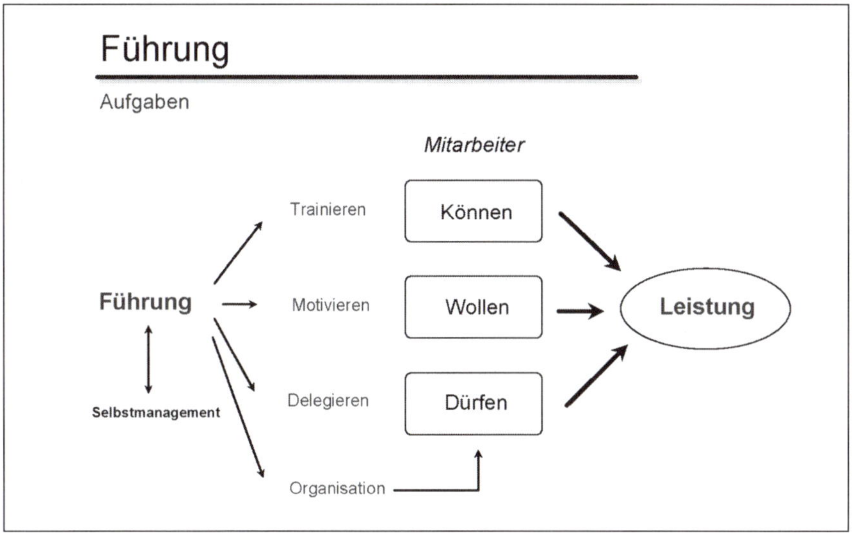

Abbildung 2:
Aufgaben von Führung

Qualifikationen beinhaltet (Sozialkompetenz, Methodenkompetenz, personale Kompetenz).

Als weitere Voraussetzung müssen die Mitarbeiter bereit sein, sich zu engagieren und Leistung zu erbringen. Damit sind die motivationalen und volitionalen Grundlagen des Handelns angesprochen (Wollen). Zur *Motivation* gehören auch klare Vereinbarungen, welche Ziele erreicht werden sollen.

Als dritte Voraussetzung für selbstständiges, eigenverantwortliches Handeln müssen die Mitarbeiter über entsprechende *Handlungs- und Entscheidungsspielräume* verfügen (Dürfen). Es ist eine weitere wichtige Aufgabe von Führungskräften, durch Delegation Aufgaben mit entsprechenden Entscheidungskompetenzen zu übertragen. Damit ist es die wesentliche Aufgabe von Führungskräften, diese drei Voraussetzungen zu schaffen, um die Leistungsfähigkeit der Mitarbeiter zu gewährleisten.

Darüber hinaus müssen die Aktivitäten der einzelnen Mitarbeiter geplant und koordiniert werden, indem die Arbeitsteilung, die Abläufe und Schnittstellen organisiert werden. Das gilt nicht nur für die Abläufe innerhalb eines Teams, sondern auch für die Schnittstellen zu vorgelagerten und nachfolgenden Organisationsbereichen. Die Sicherstellung der erforderlichen technischen, materiellen und personellen Ressourcen zählt ebenfalls zu den *organisatorischen Aufgaben.*

Aufgaben von Führungskräften
– Mit Hilfe von *Training, Coaching* und *systematischem Feedback* können Führungskräfte die Kompetenz ihrer Mitarbeiter entwickeln. – Motivation erfolgt durch die Vereinbarung von Zielen, das Setzen von Anreizen und die Beseitigung von Hindernissen. Selbstverständlich muss die erfolgreiche Zielerreichung kontrolliert werden und entsprechende Anerkennung finden. – Verfügen die Mitarbeiter über die erforderlichen Kompetenzen, kennen ihre Ziele und sind motiviert, sich für ihre Erreichung zu engagieren, müssen durch *Delegation* die notwendigen Entscheidungsspielräume gewährt werden, damit die Mitarbeiter selbstständig und flexibel handeln können.

Damit sind bereits vier wichtige Aufgaben und Funktionen personaler Führung benannt:

Aufgaben, Funktionen und Rolle

1. *Mitarbeiterentwicklung:* durch Training, Coaching und Feedback
2. *Motivation:* durch Zielsetzung, Anreize, Kontrolle und Anerkennung
3. *Delegation:* durch Übertragung von Aufgaben und Entscheidungsspielräumen
4. *Organisation:* durch Planung und Koordination der Einzelaktivitäten, Beschaffung der erforderlichen Ressourcen, Vertretung nach außen

Es hat sich gezeigt, dass die Leistung eines Teams vom Zusammenhalt und vom *Teamklima*, das in einer Arbeitsgruppe herrscht, abhängt. Teams mit einem ausgeprägten Wir-Gefühl, in denen sich die einzelnen mit den gemeinsamen Aufgaben und Zielen identifizieren und sich gegenseitig unterstützen, erweisen sich als leistungsfähiger. Daraus folgt eine weitere wichtige Aufgabe bzw. Funktion personaler Führung in Teams:

5. *Teamentwicklung:* durch Gruppenarbeit, Training, Coaching und Feedback

Da der Schwerpunkt der Aufgaben von Führung im Bereich sozialer Interaktion liegt, gibt es auch Versuche, Führung als *Rolle* zu verstehen, die unterschiedliche Teilrollen umfasst. Nach Mintzberg (zit. in Neuberger, 2002, S. 321) lassen sich interpersonale Rollen (Repräsentant, Koordinator), informationale Rollen (Sprecher, Info-Verteiler) und Entscheidungsrollen (Verhandler, Ressourcen-Zuordner) voneinander unterscheiden. Weitere Rollen, die als charakteristisch für erfolgreiche Führung angesehen werden, sind Visionär, Entrepreneur, Coach, Teamplayer, etc.

1.1.3 Tätigkeitsprofil und Anforderungen

Die meisten der genannten Aufgaben und Funktionen erfordern *direkte Kommunikation:* Erwartungen klären, Probleme verstehen, Ziele vereinbaren, Feedback geben, Kritik üben, Konflikte lösen etc. Ein wesentliches

Mittel der personalen Führung ist die unmittelbare Kommunikation zwischen Führungskraft und Mitarbeitern. Das ist auch der Grund dafür, dass neben *fachlichen Kompetenzen* zunehmend die Bedeutung *sozialer Kompetenzen* als Voraussetzung für erfolgreiche Führung betont wird.

Untersuchungen des *Arbeitsalltags* (work activity) von Führungskräften haben ergeben, dass Geschäftsführer 78 % ihrer Zeit mit „Reden" verbringen (Mintzberg, 1975). Stewart (1967) fand, dass 43 % mit Diskussion, 7 % in Konferenzen und 6 % mit Telefonieren verbracht wurden. Mahoney, Jedee und Caroll (1965) haben die Aufgaben von Managern klassifiziert und folgende Funktionen mit jeweiligem Zeitanteil identifiziert: Planung (20 %), Infoverarbeitung (13 %), Koordination (15 %), Bewertung (13 %), direktes personales Führen (28 %), Personalmanagement (4 %), Verhandeln (6 %), Repräsentieren (2 %). Es zeigte sich, dass Aufgabenanteile von der Hierarchieebene abhängen: Je höher die Hierarchiestufe, umso größer war der Planungsanteil und umso geringer war umgekehrt der Anteil direkter personaler Führung. Manager oberer Hierarchieebenen waren in ihrer Kompetenz auch eher als Generalisten denn als Fachexperten oder Spezialisten gefordert.

Kompetenzen von Führungskräften

Ein weiterer interessanter Befund dieser Studien ist, dass Führungskräfte selten länger als eine halbe Stunde ununterbrochen an einer Aufgabe arbeiten. Damit scheint es im Gegensatz zu den Postulaten der normativen Ansätze durchaus nicht so zu sein, dass sich Führungskräfte nur funktionsorientiert und zweckrational verhalten. In den seltensten Fällen wird geplant und geordnet vorgegangen. Stattdessen ist fragmentiertes, reaktives ad hoc Verhalten weit verbreitet. An Stelle zuständiger Ansprechpartner und offizieller Informationen werden vor allem informelle Kontakte und Informationswege genutzt.

Anforderungen an Führungskräfte

- *fachliche Kompetenzen:* Expertenwissen, Produktkenntnis, Prozesswissen, Branchenkenntnis, Wissen über Regeln und Standards
- *methodische Kompetenzen:* Organisation, Delegation, Kontrolle
- *soziale Kompetenzen:* Kommunikation und Gesprächsführung, Moderation und Besprechungsleitung, Konfliktmanagement, politische Fähigkeiten
- *personale Kompetenzen:* Zeitmanagement, Selbstkenntnis

Der Umgang mit Unterbrechungen und Störungen stellt hohe Anforderungen an das Zeitmanagement von Führungskräften. Hierzu gehört vor allem auch die Fähigkeit Prioritäten zu setzen, Entscheidungen zu treffen und diese konsequent umzusetzen und eigene Aufgaben und Ziele stringent zu verfolgen. Diese Fähigkeiten werden auch als *personale Kompetenzen* bezeichnet. Damit wird deutlich, dass Führungskräfte nicht nur in der Lage sein müssen, andere Personen, sondern auch sich selber zu „managen". Diese Aufgabe wird als *Selbstmanagement oder Selbstführung* bezeichnet.

1.1.4 Macht und Einfluss in Hierarchien

Die gegenseitige Beeinflussung ist bei der Mitarbeiterführung in Organisationen kein freier Austausch gleichberechtigter und gleichstarker Partner, sondern „vollzieht sich zwischen hierarchisch unterschiedlich gestellten Personen" (Wunderer, 2000, S.19). Eine in der Regel pyramidale *hierarchische soziale Struktur* der Organisation definiert unterschiedliche Rollen und deren Zusammenspiel. Macht und Einfluss der Führungs- und Mitarbeiterrolle sind nicht symmetrisch. Hierzu gehört zum Beispiel auf der einen Seite das Recht, anzuweisen und auf der anderen Seite die Verpflichtung, sich weisungsgebunden zu verhalten. Zur Durchsetzung von Anweisungen und Entscheidungen verfügen Führungskräfte in Organisationen über unterschiedliche Machtmittel. Führungskräfte können sich unterschiedlicher Formen der Macht oder *„Machtbasen"* bedienen, um ihren Einfluss geltend zu machen (French & Raven, 1959; Yukl & Falbe, 1991).

Grundlagen der Macht

1. die *Positionsmacht oder Legitimationsmacht* ergibt sich aus der formalen Position in der Hierarchie. Eine Führungskraft kann sich auf die im Organigramm ausgewiesenen Über- und Unterstellungsverhältnisse und zugewiesenen Kompetenzen berufen. Durch die zugewiesenen Kompetenzen verfügen Führungskräfte über die Macht, zu entscheiden (Entscheidungsmacht und Befehlsgewalt: „Das entscheide ich so, weil ich Chef bin").
2. Eng verknüpft mit der Position ist die *Sanktionsmacht.* Das bedeutet die Möglichkeit, das Verhalten der Mitarbeiter durch Belohnung (Lob, Prämien, Vergünstigungen) und Bestrafung zu steuern, um die getroffenen Entscheidungen durchzusetzen („Wenn Sie die Aufgabe erfolgreich übernehmen, kann ich Ihnen eine Gehaltserhöhung in Aussicht stellen", oder „Wenn das Projekt nicht termingerecht fertig wird, sehe ich Ihren Urlaub und Ihre Prämie in Gefahr").
3. Auch Informationsprozesse sind in hierarchischen Organisationen so geregelt, dass Führungskräfte über einen Vorsprung an Wissen und Information verfügen. Verbunden mit einem Qualifikations- und Erfahrungsvorsprung können sich Führungskräfte damit auch auf ihre Informations- oder *Expertenmacht* stützen (Wissen ist Macht: „Das weiß ich besser als Sie").
4. Neben diesen strukturellen Machtgrundlagen lassen sich zusätzlich personale Machtgrundlagen identifizieren. Dabei handelt es sich um die sogenannte *Referenz- und charismatische Macht*, bei der die Identifikation

der Mitarbeiter mit ihrer Führungskraft bzw. die Qualität der Beziehung die Grundlage für den Einfluss der Führungskraft bildet. Schließlich verweisen Yukl und Falbe (1991) noch auf die Bedeutung der individuellen Überzeugungskraft der Führungskraft für die Ausübung von Macht und Einfluss.

Darüber hinaus lassen sich weitere Einflussstrategien identifizieren, mit denen Organisationsmitglieder und damit auch Führungskräfte versuchen, Einfluss auszuüben. Neuberger (1995, 2006) spricht von *Mikropolitik*, wenn andere gezielt instrumentalisiert werden, um in organisationalen Ungewissheitszonen eigene Vorstellungen und Interessen zu verfolgen. Etwas allgemeiner definiert Neuberger (1995) Mikropolitik als „das Arsenal jener alltäglichen ‚kleinen' (Mikro) Techniken, mit denen Macht aufgebaut und eingesetzt wird, um den eigenen Handlungsspielraum zu erweitern und sich fremder Kontrolle zu entziehen" (S. 14). Zu diesen Techniken und Strategien gehören u. a. Einschmeicheln, Blockieren und Koalieren. Blickle (2004) unterscheidet insgesamt 13 *Einflussstrategien*. Hierzu zählen neben den bereits genannten Tauschangeboten (einen Gefallen anbieten oder daran erinnern), Rationalität (detaillierte schriftliche Ausarbeitungen vorlegen), höhere Instanzen einschalten (sich an höhere Vorgesetzte wenden), Konsultationen (den Einflussadressaten um Vorschläge bitten), persönliche Appelle (an Freundschaft und Loyalität erinnern) und Self Promotion (sich selbst als erfolgreich präsentieren). Die Ergebnisse einer Metaanalyse von Higgins, Judge und Ferris (2003) zeigten, dass vor allem Einschmeicheln und Rationalität zu Erfolg führen.

Bestimmungsmerkmale personaler Führung
Zusammenfassend lassen sich aus unterschiedlichen Perspektiven folgende Bestimmungsmerkmale personaler Führung festhalten:
Ziel
Vor allem die Erreichung organisationaler Ziele, aber auch die Balance individueller und organisationaler Ziele
Aufgaben und Funktion
Für die Leistung der Mitarbeiter im Sinne der organisationalen Aufgaben und Ziele sorgen und diese fördern, z. B. durch Initiierung, Planung, Steuerung, Koordination und Kontrolle von Gruppenaktivitäten
Tätigkeitscharakteristik
Einflussnahme durch Kommunikation und Interaktion, vor allem durch Entscheiden, Verhandeln, Überzeugen, Anweisen, Loben und Bestrafen

Rolle
Visionär, Entscheider, Motivator, Teamplayer, Entrepreneur, Kontrolleur
Anforderungen
Soziale, methodische und personale Kompetenz, insbesondere: Kommunikation, Selbst- und Zeitmanagement
Kontext
Organisationen verfügen über hierarchische Strukturen, Macht und Einfluss sind ungleich verteilt, Führungssubstitute übernehmen, verstärken oder neutralisieren zum Teil den Einfluss personaler Führung

1.2 Führungserfolg

Welche Art von Führung besonders erfolgreich ist, darf als die zentrale Frage der Führungsforschung angesehen werden. Dazu gehört auch die Frage, wie Führungskräfte ihren Einfluss am wirkungsvollsten einsetzen:

- Sollten Führungskräfte eher klare Vorgaben machen oder ihre Mitarbeiter eher zu eigenständigem und selbstverantwortlichem Handeln ermutigen oder sich sogar heraushalten?
- Sollten Führungskräfte sich eher auf die ordnungsgemäße Erledigung der Arbeitsaufgaben konzentrieren oder sich eher um eine gute Beziehung zu ihren Mitarbeitern bemühen?

Die Beantwortung dieser Fragen hängt zusätzlich davon ab, welches *Erfolgskriterium* man als Maßstab für gute Führung heranzieht. Ist Führung nur dann erfolgreich, wenn „die Zahlen stimmen" oder sind die Zufriedenheit, Motivation und die Gesundheit der Mitarbeiter ebenfalls wichtige Erfolgsindikatoren? Auch wird man u. U. andere Antworten erhalten, wenn man die Mitarbeiter befragt, als wenn man die Geschäftsführer bzw. die Vorgesetzten von Führungskräften befragt. Stehen bei den Mitarbeitern eher die Kompetenz und Qualität der Beziehung im Vordergrund (Vertrauen, Wertschätzung), sind übergeordnete Vorgesetzte eher daran interessiert, dass im Verantwortungsbereich alles reibungslos läuft. Solange die Ergebnisse stimmen, ist die Frage, wie diese Ergebnisse erzielt werden, oft zweitrangig.

Führungsrezepte: Management by XY

Folgende Beispiele machen deutlich, dass die Führungsaktivitäten von Vorgesetzten vor allem aus Mitarbeitersicht durchaus auf geteiltes Echo stoßen können und *kritisch* reflektiert werden. In ironischer Weise wird dabei auf die große Zahl von Managementkonzepten oder besser „Erfolgsrezepten" angespielt, die alle mit *„Management by …"* im Namen beginnen.

Darunter fallen durchaus ernst zu nehmende Konzepte wie „Management by Objectives" (MbO) aber auch recht einfache und verkürzte Rezepte wie z. B. „Management by walking around". Dass im Grunde jeder praktische Verhaltenshinweis durch die Voranstellung eines „Management by" zu einem vermeintlich seriösen Managementkonzept avancieren kann, macht die Beliebigkeit und Fragwürdigkeit dieser Ansätze deutlich und lädt im übertragenen Sinne zur „Karikatur" ein:

- *Management by Champignon:* Verglichen werden die Mitarbeiter mit Champignons, man „hält sie im Dunkeln", bewirft sie mit Dreck (Düngen) und wenn sie die Köpfe herausstrecken, dann …
- *Management by Robinson:* oder auch Warten auf Freitag: Hier stecken gleich zwei Anspielungen drin: Der Wunsch nach treuen, ergebenen Mitarbeitern, und die Tendenz Probleme auszusitzen, bis die Woche vorüber ist.

Kritische, ironisierende und karikierende Betrachtungen zu Managern und Führungskräften sind als Bestseller oder Comicserie unter der Bezeichnung „Peter-Prinzip" (Peter & Hull, 1969) oder „Dilbert Prinzip" bekannt geworden (Adams, 1997). Es wird postuliert, dass jeder Beschäftigte so lange in einer Organisation aufsteigt, bis er den Anforderungen nicht mehr gewachsen ist bzw., dass die ineffizientesten Angestellten schneller in das Management versetzt werden, um weniger Schaden anrichten zu können. Daraus folgt, dass die Führungskräfte im Management weder über die sozialen noch fachlichen Voraussetzungen für ihre Aufgaben verfügen.

1.2.1 Fragen an Führungskräfte und Mitarbeiter (Selbstcheck)

Welchen Empfindungen und Gedanken haben Sie in Bezug auf Ihre direkte Führungskraft? Wie zufrieden sind Sie als Mitarbeiter mit der Zusammenarbeit? Ein wesentliches Kriterium für die Beurteilung von Führungserfolg ist die Zufriedenheit der Mitarbeiter. Dabei wird unterschieden zwischen allgemeiner oder genereller Arbeitszufriedenheit und einzelnen Facetten, aus denen sich die Gesamtzufriedenheit ergibt. Neben dem Arbeitsinhalt, dem Einkommen und weiteren wichtigen Facetten stellt die Zufriedenheit mit der Führungskraft eine zentrale Facette der Arbeitszufriedenheit dar. Die Messung erfolgt in der Regel mit der Beantwortung der einfachen Frage durch die Mitarbeiter „Wie zufrieden sind Sie mit Ihrer unmittelbaren Führungskraft?". Bei näherer Betrachtung stellt sich jedoch schnell heraus, dass Mitarbeiter mit dem Verhalten ihrer Führungskräfte in unterschiedlicher Weise zufrieden sein können, wenn sie die Leistung differenzierter beurteilen. Da sich Mitarbeiter auch in ihren Ansprüchen und Erwartungen an ihre Führungskräfte unterscheiden, macht es durchaus Sinn, einen Soll-Ist Vergleich vorzunehmen: „Wie wichtig ist Ihnen das Verhalten oder Merkmal xy bei

Wahrgenommene Qualität von Führung

Ihrer Führungskraft?" und „Inwieweit zeigt oder erfüllt die Führungskraft dieses Merkmal?". Für Führungskräfte können diese Fragen auch als Selbstcheck dienen. Interessant ist auch die Frage, wie wohl die eigenen Mitarbeiter die Fragen beantworten würden (Selbst-Fremd-Bild). Solche Instrumente und Techniken werden an späterer Stelle noch ausführlicher vorgestellt. An dieser Stelle soll der folgende Fragenkatalog als erste Checkliste dienen.

Checkliste: Fragen an Mitarbeiter

Inwieweit

- unterstützt Ihre Führungskraft Sie bei Ihrer Arbeit
- werden Sie informiert und eingebunden
- verfügt sie über die erforderlichen fachlichen Kompetenzen
- sorgt sie für klare Absprachen und organisiert funktionierende Abläufe
- ist Ihre Meinung gefragt
- wie selbstständig können Sie arbeiten
- trifft sie rechtzeitige klare Entscheidungen und steht dazu
- erfahren Sie Wertschätzung und Anerkennung
- besteht Offenheit, Vertrauen und Rückhalt
- fördert sie Ihre berufliche Entwicklung
- sorgt sie für ein gut funktionierendes Team
- vertritt sie den eigenen Bereich erfolgreich nach außen
- gelingt es ihr, Sie und Ihre Kollegen zu motivieren und zu begeistern

Es wurde schon darauf hingewiesen, dass häufig übersehen wird, dass im Führungsprozess mindestens zwei Seiten miteinander interagieren und sich gegenseitig beeinflussen. Mitarbeiter reagieren nicht nur auf das Verhalten ihrer Führungskräfte, sondern Führungskräfte reagieren auch auf das Verhalten ihrer Mitarbeiter. So mögen sich Mitarbeiter beklagen, dass Sie nicht selbstständig arbeiten können, weil ihr Vorgesetzter alles selber entscheiden und kontrollieren will. Umgekehrt mag die Führungskraft entgegnen, dass sie ihren Mitarbeitern nur wenige Entscheidungsspielräume gewährt, weil sie nicht über die erforderliche Kompetenz verfügen. Was ist die Ursache

Checkliste: Fragen an Führungskraft

Inwieweit

- verfügen Ihre Mitarbeiter über die erforderlichen fachlichen Kompetenzen
- erleben Sie Motivation und Engagement
- sind die Mitarbeiter bereit, Sie zu unterstützen
- werden Sie als Führungskraft anerkannt und respektiert
- identifizieren sich die Mitarbeiter mit Ihrem Bereich

und was ist die Wirkung? Um das zu klären, müssen beide Perspektiven berücksichtigt werden. Auch bei den folgenden Fragen kann die Selbsteinschätzung der Mitarbeiter zu erhellenden Einsichten führen.

1.2.2 Wie zufrieden sind MA mit ihren Führungskräften?

Wie die Ergebnisse einer europaweiten repräsentativen Studie zeigen (Eurobarometer, zit. in Six & Felfe, 2006), geben immerhin 19,9 % von über 6.000 Befragten Arbeitnehmern in Europa an, dass sie mit ihrem Vorgesetzten vollständig zufrieden sind. Fasst man all diejenigen zusammen, die sich eher positiv äußern, beläuft sich der Anteil auf 71,8 %. Damit zeigt sich insgesamt ein *hohes Maß an Zufriedenheit* mit der direkten Führungskraft. Ihnen stehen auf der anderen Seite 12,6 % gegenüber, die mit ihren Vorgesetzten eher nicht zufrieden oder sogar völlig unzufrieden sind. Es verbleiben 15,6 % Unentschiedene, die zu einer mittleren Einschätzung tendieren (s. Abbildung 3). Damit sind hin und wieder in den Medien berichtete populärwissenschaftliche Befunde, die von hoher Unzufriedenheit deutscher Arbeitnehmer mit ihren Vorgesetzten berichten, mit Vorsicht zu betrachten.

Qualität von Führung im internationalen Vergleich

Vergleicht man die Zahlen für Deutschland mit den übrigen europäischen Ländern, bestätigt sich der Eindruck, dass sich mit 75,1 % ein relativ hoher Anteil eher positiv äußert. Übertroffen wird dieses Ergebnis vor allem von den Befragten aus Dänemark, Schweden und den Niederlanden. Deutlich

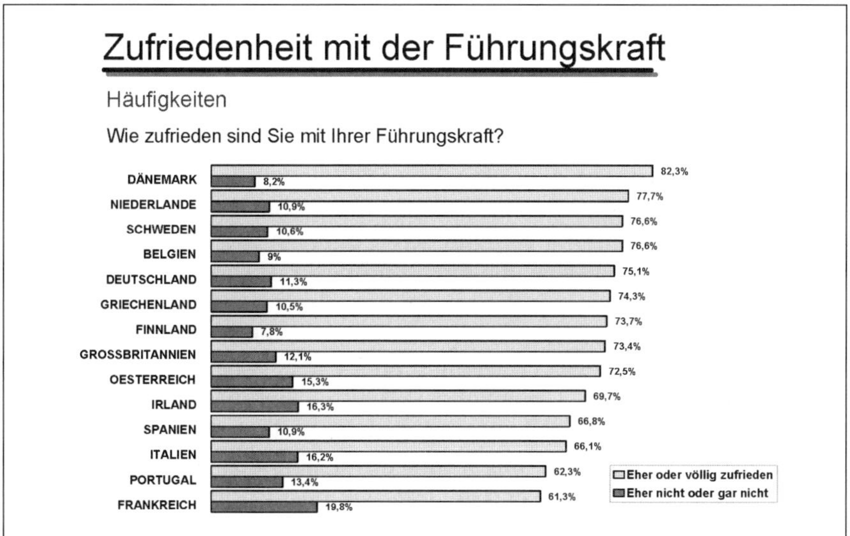

Abbildung 3:
Zufriedenheit mit Führung im europäischen Vergleich (Six & Felfe, 2006)

weniger Zufriedenheit mit dem Vorgesetzten zeigt sich in Frankreich und Portugal. Hier beträgt der Anteil der Zufriedenen lediglich 61,3 % bzw. 62,3 %. Umgekehrt liegt der Anteil der Unzufriedenen in Frankreich bei 19,8 %, während sich in Deutschland nur 11,3 % kritisch äußern. Vergleicht man die Zufriedenheit mit der Führungskraft mit anderen Facetten der Zufriedenheit, lässt sich interessanterweise feststellen, dass die Zufriedenheit mit dem Vorgesetzten im Durchschnitt vergleichsweise hoch ausfällt. Deutlich weniger zufrieden sind die Befragten in Deutschland beispielsweise mit den Aufstiegs- und Weiterbildungsmöglichkeiten.

Untersucht man, welche Bedeutung die einzelnen Facetten für die allgemeine Arbeitszufriedenheit haben, stellt sich heraus, dass neben der Bezahlung vor allem der Arbeitsinhalt und die Zufriedenheit mit dem Vorgesetzten das Gesamtbild beeinflussen. Das bedeutet, dass die Zufriedenheit mit dem Vorgesetzten einen entscheidenden unabhängigen *Einfluss auf die Gesamtzufriedenheit* hat. Auch wenn das Zufriedenheitsniveau wie oben gezeigt insgesamt recht hoch ist, gibt es doch erhebliche Unterschiede, die sich positiv aber auch negativ auswirken können. So korreliert die Zufriedenheit mit der Führungskraft positiv mit dem Commitment der Mitarbeiter (r = .36) und negativ mit Stresserleben (r = –.14) und psychosomatischen Beschwerden (r = –.16). Das bedeutet, dass Mitarbeiter, die mit ihrer Führungskraft eher zufrieden sind, ein überdurchschnittlich hohes Commitment aufweisen, weniger Stress erleben und weniger unter psychosomatischen Beschwerden leiden als ihre Kollegen, die mit ihren Vorgesetzten weniger zufrieden sind. Daraus folgt, dass die wahrgenommene Qualität der Führung von großer Bedeutung für die Verbundenheit und Identifikation der Mitarbeiter mit der Organisation und für ihr Gesundheitserleben ist. Die Entwicklung und Verbesserung der Führung stellt damit einen wichtigen Faktor für den Unternehmenserfolg dar.

Konsequenzen für Identifikation und Gesundheit

Es ist durchaus bemerkenswert, dass sich Führung auf die Gesundheit der Mitarbeiter auswirkt. In einer aktuelleren Studie wurde sogar ein stärkerer negativer Zusammenhang zwischen transformationaler Führung (s. 2.3.2) und Stresserleben von r = –.27 gefunden (Felfe, 2006a). Das bedeutet, dass in der Gruppe der Befragten, die ihre Führungskraft eher als positiv (transformational) einschätzen, nahezu 45 % angeben, nur geringen Stress zu erleben, während in der Gruppe, die ihre Führungskraft als wenig transformational einstufen (negativ), weniger als 21 % angeben, wenig Stress zu erleben (Abbildung 4). Umgekehrt verhält es sich bei den Angaben zu hohem Stresserleben. Hier liegt der Anteil derer, die hohen Stress erleben, mit annähernd 40 % um ca. ein 2,5-Faches höher, wenn die Führung eher negativ beurteilt wird, als wenn die Führung positiv eingeschätzt wird.

Führung als Chance und Risiko

In der gleichen Studie mit ca. 2.800 Befragten lag der Zusammenhang zwischen transformationaler Führung und allgemeiner Arbeitszufriedenheit bei r = .37. Wie aus Abbildung 4 ersichtlich ist, liegt der Anteil der hoch

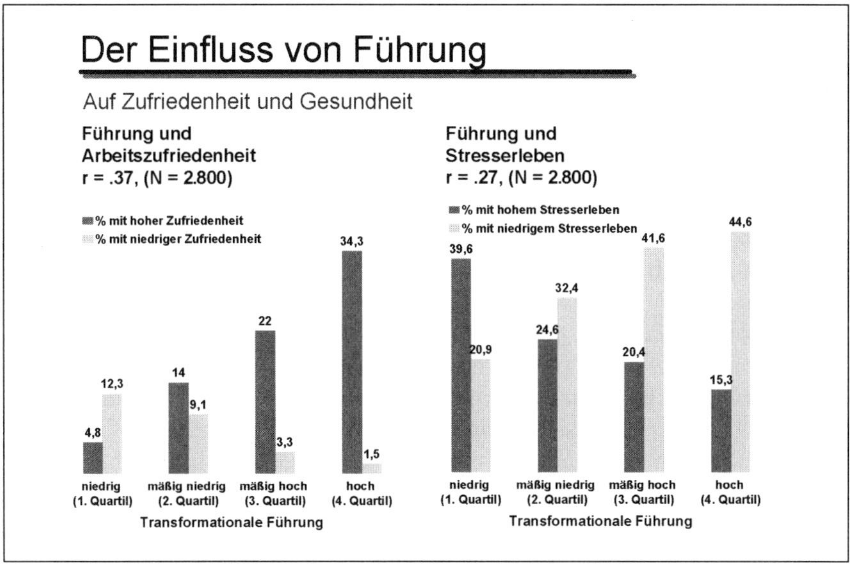

Abbildung 4:
Zusammenhänge zwischen Führung, Zufriedenheit und Gesundheit

zufriedenen Mitarbeiter in der Gruppe, die ihre Führungskräfte als transformational einschätzen, bei über 34 %, während der Anteil lediglich bei weniger als 5 % liegt, wenn die Führungskräfte als wenig transformational eingeschätzt werden. Umgekehrt verhält es sich wieder mit den unzufriedenen Mitarbeitern. Wird die Führung als transformational eingeschätzt, liegt ihr Anteil bei unter 2 %. Im Vergleich dazu liegt der Anteil der Unzufriedenen bei wenig transformationaler Führung mit über 12 % deutlich höher.

Führung stellt damit eine wichtige Ressource aber auch ein potenzielles Risiko für das Wohlbefinden der Mitarbeiter dar. Führungskräfte haben wesentlichen Einfluss auf die Arbeitsbedingungen der Mitarbeiter, die sich unmittelbar auf Belastungserleben und Zufriedenheit auswirken.

1.3 Kritische Überlegungen zu Funktion, Chancen und Risiken

1.3.1 Legitimation von Führung

Fast mutet es absurd an, den Nutzen oder die *Legitimation* von Führung in Frage zu stellen. Der Alltag und die Erfahrung konfrontieren uns immer wieder mit dem Phänomen, so dass eine Welt ohne Führung kaum denkbar erscheint. Da gibt es nicht nur die klassischen Chefs und Vorgesetzten in Unternehmen und Organisationen, sondern auch in anderen Bereichen wie der Politik, in Vereinen und bereits in der Schule und sogar im Kindergarten wurde „personale Führung“ erlebt. Ein Blick in die Geschichte zeigt, dass dies kaum jemals anderes gewesen sein kann. Selbst im Tierreich sind der „Platzhirsch“ und das „Alpha-Männchen“ sprichwörtlich. Und so weiß der „gesunde“ Menschenverstand: Dass immer „Einer den Hut aufhaben muss“ oder, dass „Für alles, was auf dem Wasser dampft oder segelt, es einen gibt, der alles regelt“.

Führung als naturgegebenes Phänomen?

Tatsächlich scheint Führung ein *universales Phänomen* zu sein. Sobald sich Menschen zu sozialen Gruppen zusammengefunden haben, bilden sich soziale Strukturen mit unterschiedlichen Rollen, die mit unterschiedlichem Status und Einfluss versehen sind. Die sozialpsychologische Kleingruppenforschung hat eindrücklich gezeigt, dass sich in zufällig und ad hoc zusammengewürfelten Gruppen, die irgendeine Aufgabe zu erledigen hatten, relativ schnell jemand findet oder gefunden wird, der oder die die Führung übernimmt. Dabei ist es auch durchaus möglich, dass es sich nicht nur um eine Einzelperson, sondern um zwei oder drei Personen aus dem Kreis handelt, die sich diese Funktion teilen.

Das Interessante hierbei ist, dass sich die Mitglieder dieser meist studentischen Gruppen relativ ähnlich waren, also nicht unbedingt über gravierende Kompetenz- und Erfahrungsunterschiede verfügten, mit denen Unterschiede bei der Führung erklärt werden konnten. Das gilt zumindest für wesentliche Merkmale wie das Alter und die Bildung, mit denen sonst Führung legitimiert wird. Das bedeutet, dass sich auch ohne eine formale Hierarchie und ohne eine offizielle Führungsrolle Führungsstrukturen bilden. Wie noch näher erläutert wird, geschieht dies nicht rein zufällig, sondern unsere *impliziten Theorien* und Vorstellungen davon, wer in einer bestimmten Situation geeignet sein könnte, haben wesentlichen Einfluss darauf, wer eine Führungsposition einnehmen kann.

Letztlich muss aber auch hier mit Vorsicht argumentiert werden, da die Beteiligten nicht frei von kulturellen Einflüssen und Sozialisation sind und vor diesem Hintergrund Führung als *soziale Konstruktion* reproduzieren. Das scheinbar Natürliche und Selbstverständliche muss sich zumindest einer kritischen Reflexion stellen und darf nach Neuberger (2002) nicht als Legitimation für den Status quo dienen. Meindl et al. (1985) fanden zahlreiche Belege dafür, dass vor allem bei unerwartetem Erfolg oder Misserfolg die Bedeutung von Führung als Erklärung überschätzt und der Einfluss des Kontextes als Ursache eher vernachlässigt wurde. Für dieses Phänomen der Überschätzung der Bedeutung von Führung prägten sie den Begriff der *Romantisierung von Führung* (Romance of Leadership).

Neuberger (2002) benennt und entlarvt angesichts des scheinbar Selbstverständlichen einige weitere *Mythen*, mit denen Führung legitimiert wird. So weist er z. B. darauf hin, dass die *Unfähigkeit der Untergebenen*, sich ohne Führung zu organisieren, letztlich durch entmündigende Führung hervorgerufen worden sein kann. Das gleiche gilt für *Kompetenz- und Leistungsunterschiede*. Damit bietet sich Führung als Lösung eines Problems an, dass sie selbst verursacht hat und ihre Legitimation lässt sich als Ideologie entlarven. Schließlich wird Führung durch Eigentum legitimiert. Derjenige, der über die Ressourcen zur Wertschöpfung verfügt (Kapital, Maschinen, Rohstoffe etc.), darf bestimmen, wie diese Mittel eingesetzt werden.

Führung als Selbstzweck?

Gleichermaßen sollte man sich der Tatsache bewusst sein, dass die Auseinandersetzung mit dem Thema stets eine *gesellschaftliche und politische* Komponente beinhaltet. Führung bedeutet Machtungleichheit und stellt damit demokratische Werte von Gleichheit, Gerechtigkeit etc. in Frage. Gesetzliche Regelungen zur betrieblichen Mitbestimmung, zum Arbeits- und Gesundheitsschutz etc. spiegeln das Spannungsfeld zwischen Alleinherrschaft und Mitbestimmung bzw. Demokratie in Unternehmen wider.

1.3.2 Koordination und Steuerung des kollektiven Handelns

Für die Herausbildung von Führung – und dafür scheinen Führende und Geführte gleichermaßen verantwortlich – lassen sich aber auch einfache, pragmatische Gründe finden, die jenseits fragwürdiger individueller Macht- und Herrschaftsinteressen angesiedelt sind. Aus dieser Sicht ist Führung funktional, weil sie erfolgreiches Handeln gewährleistet.

Gemeinsames zielgerichtetes Handeln macht es erforderlich, dass die einzelnen Aktivitäten *koordiniert* werden. Auch Gruppen, die über keine formale Führung verfügen, bestimmen wie z. B. in einer *Diskussionsrunde* einen Diskussionsleiter, um die Teamsitzung effizient durchführen zu können. Die Aufgabe dieses Moderators ist es, dafür zu sorgen, dass Ziel und Vorgehensweise geklärt und nicht aus den Augen verloren werden. Darüber hinaus hat er z. B. die Funktion, die Reihenfolge der Beiträge zu koordinieren und auf die Einhaltung von Regeln zu achten.

Geht es eher um die Koordination *physischer Aktivitäten*, wie z. B. beim „Seilziehen", stellt sich schnell heraus, dass ein Gruppenmitglied das Kommando geben muss, damit alle gleichzeitig „an einem Strang ziehen". Ähnlich ist die Situation in einem Chor oder Orchester, das auf die Leitung eines Dirigenten angewiesen ist. Insbesondere bei Aufgaben, bei denen *schnelles Handeln* erforderlich ist (z. B. einen Brand löschen), bleibt wenig Zeit, sich immer wieder neu zu verständigen. Hier ist eine zentrale *Entschei-*

dungsinstanz erforderlich. Ein klassisches Beispiel aus der Zeit der Jäger und Sammler ist die Jagd. Dabei geben die einzelnen Mitglieder eines Stammes bewusst einen Teil ihrer Einflussmöglichkeit auf und delegieren sie an einen „Anführer“, der die Führung übernimmt.

Leistungsvorteile durch Führung

Diese einfachen Beispiele zeigen, dass es durchaus *funktional* ist, dass sich in einer Gruppe eine Führungsrolle herausbildet. Bei einfachen Aufgaben wie z. B. dem „Seilziehen“ könnte diese Funktion im Prinzip von jedem übernommen werden und damit wie z. B. bei der Moderation einer Gruppensitzung auch rotieren. Das setzt voraus, dass alle Gruppenmitglieder über die erforderlichen Kompetenzen verfügen. Bei der Suche nach geeigneten Formen moderner Arbeitsgruppen (z. B. teilautonome Arbeitsgruppen) wurden zum Beispiel Konzepte entwickelt, bei denen die Führung durch einen *rotierenden Gruppensprecher* wahrgenommen wird oder wie beim Konzept der *gruppenverteilten Führung* von Manz und Sims (1987) auf mehrere Gruppenmitglieder aufgeteilt wird.

Es gibt aber auch Beispiele, bei denen gerade unterschiedliche Kompetenzen und Erfahrungen der Gruppenmitglieder Führung erforderlich machen. Dabei handelt es sich vor allem um komplexe Aufgaben (z. B. Hausbau, Projektmanagement). Hier ist es die Aufgabe von Führung, für die Gruppe (Architekt, Bauleitung, Projektsteuerung) *Ziele zu formulieren, zu planen, Strategien zu entwickeln*, und deren Umsetzung zu koordinieren, da die einzelnen Mitglieder aufgrund ihrer Spezialisierungen hierzu nicht in der Lage wären.

Sind die erforderlichen Kompetenzen bei den Gruppenmitgliedern nicht vorhanden, ist Führung vor allem als Expertentum erforderlich. Anleitung, An- und Unterweisung sind hierbei wichtige Funktionen, die durch den *Kompetenzvorsprung* wahrgenommen werden können.

Bei dem Umstand, dass Führung für die Erreichung bestimmter Ziele durchaus funktional sein kann, darf nicht übersehen werden, dass die Ziele unterschiedlichen Ursprungs sein können. Zum einen kann es sich um *Gruppenziele* handeln, zum anderen können individuelle Ziele verfolgt werden. In dem einen Fall dient Führung der Erreichung gemeinsamer Ziele durch die Erhöhung der kollektiven Handlungsfähigkeit, im anderen Fall wird die *individuelle Handlungsfähigkeit* durch die Unterstützung von anderen gestärkt.

1.3.3 Interessenausgleich und Ressourcenverteilung

Neben der funktionalen Steuerung und Koordination der Aktivitäten müssen die unterschiedlichen Interessen der Gruppenmitglieder und das gemeinsame Interesse ausbalanciert werden. Der faire und gerechte Ausgleich von

Einzelinteressen und Gruppeninteresse bezieht sich auf die eingebrachten Leistungen der einzelnen und die *Verteilung des Gewinns.*

Dieser kann im Prinzip materieller (Anteil an der Beute, Geld) und immaterieller Art sein (Status, Ansehen, Prestige, Privilegien). Nicht nur die Verteilung innerhalb der Gruppe bedarf einer Regelung (Leistungsprinzip, Gleichheitsprinzip), sondern auch die Frage, welcher Teil des Gewinns insgesamt der individuellen *Disposition* zur Verfügung gestellt wird (Ausschüttung) und wieviel der gemeinsamen Disposition vorbehalten bleibt (Ressourcenallokation, gemeinsame Vorräte, Kapital), um der Gruppe Ressourcen für künftige Aktivitäten zur Verfügung zu stellen.

Es scheint funktional, auch diese Aufgabe einer zentralen Instanz zu überantworten, die auch insbesondere Verantwortung für das gemeinsame Ziel trägt. Auch wenn das Fehlen einer solchen Instanz, die die unterschiedlichen Interessen befriedigt, nicht notwendigerweise zu einem „Kampf aller gegen alle" (Hobbes, 1651) führen muss, sind Aushandlungsprozesse mit Konflikten und Kosten verbunden.

1.3.4 Befriedigung emotionaler Bedürfnisse

Zwei Ziele: Aufgabenbewältigung und Befriedigung sozialer und emotionaler Bedürfnisse

Die Sicherstellung der Befriedigung *emotionaler Bedürfnisse* der Gruppenmitglieder wie z. B. Anerkennung, Kontakt und Zugehörigkeit ist eine weitere wichtige Funktion von Gruppen. Damit ist es auch eine Funktion von Führung, diesen Bedürfnissen Rechnung zu tragen. Neben der Befriedigung emotionaler Bedürfnisse, erhöhen gute Beziehungen die Chancen *sozialer Unterstützung* bei der Bewältigung unterschiedlicher Probleme. Personen, die über enge und stabile Netzwerke von Beziehungen verfügen, haben in der Regel bessere Aussichten, schwierige Probleme erfolgreich zu bewältigen.

Darüber hinaus bilden soziale Beziehungen einen wichtigen Teil unserer *Identität.* Personen definieren sich selbst als Individuum nicht nur durch bestimmte Eigenschaften und Fähigkeiten, die sie von anderen Menschen unterscheiden, sondern auch durch die Mitgliedschaft in unterschiedlichen Gruppen. Diese Zugehörigkeit kann dem Selbstwert zuträglich sein oder auch nicht. Die Selbstaufwertung ist ein wichtiges Motiv, das das Bedürfnis erklärt, sich mit erfolgreichen Gruppen zu identifizieren. Auch Organisationen oder Organisationseinheiten (Arbeitsgruppen, Abteilungen, Bereiche) können zweifellos zu diesen sozialen Gruppen gezählt werden, die durch die Führungskraft repräsentiert werden.

Lässt sich eine Abteilung mit ihrem Vorgesetzten als erfolgreich und innovativ charakterisieren, sind es ihre Mitglieder ebenfalls, wenn sie sich mit der Organisation und der Führungskraft identifizieren. Diese und ähnliche positive Eigenschaften rufen Gefühle von Freude und Stolz hervor, stärken den eigenen Selbstwert und sorgen für ein positives Selbstkonzept.

Natürlich kann ein Übermaß an Bindung und Loyalität auch Risiken bergen und negative Konsequenzen nach sich ziehen. Kadavergehorsam und Korpsgeist sind sattsam bekannte Erscheinungen, die als Kehrseite der Medaille bezeichnet werden können. Tabelle 1 gibt einen Überblick über die wesentlichen Chancen und Risiken, die im Zusammenhang von personaler Führung zu beachten sind.

Tabelle 1:
Chancen und Risiken der Mitarbeiterführung

	Chancen	Risiken
Organisation	– Effiziente Koordination, Leistung (in-role, extra-role) – Einsatzbereitschaft – Innovations- und Veränderungsbereitschaft – keine unerwünschte Fluktuation	– Demotivation, Leistungszurückhaltung – innere Kündigung, Absentismus, Fluktuation – Romantisierung, Überschätzung
Mitarbeiter	– Zufriedenheit, Commitment, Identifikation, Selbstaufwertung – Orientierung und Hilfestellung bei der Aufgabenbewältigung (Anleitung, Feedback) – Unterstützung bei der beruflichen Entwicklung (Coaching) – Ressource zur Stressabwehr (soziale Unterstützung)	– Unzufriedenheit – Entmündigung – Überlastung, Aufopferung – Burn-Out, Stress, Abhängigkeit

1.4 Herausforderungen an die Führung von Morgen

Die Erkenntnis, dass nichts beständiger sei als der Wandel, hat sich seit Beginn der 90er Jahre mittlerweile als Leitphilosophie im organisationalen Kontext etabliert. Betroffen vom Innovationsdruck sind gleichermaßen Produkte und Dienstleistungen. Eine zentrale Rolle spielen die *technische Entwicklung* und die zunehmende Internationalisierung bzw. *Globalisierung*. Hohe Qualität und ausgeprägte Kundenorientierung sind in Zeiten zunehmender Markttransparenz zentrale Wettbewerbsfaktoren. Gleichzeitig hat der Kostendruck auf die Unternehmen von Seiten der Kapitalmärkte zugenommen.

Wie können die Unternehmen auf die stetig wachsenden Anforderungen reagieren? Zahlreiche Managementkonzepte versuchen den massiven Veränderungsdruck aufzugreifen und konstruktiv umzusetzen. Durch Veränderungen der *Organisationsstrukturen* (Lean Management, Business-Reengineering, Gruppenarbeit) sollen Effizienz und Flexibilität gesteigert werden. Mit der Ausgliederung von Unternehmensteilen, die nicht dem Kerngeschäft zugerechnet werden (Outsourcing, Profit-Centers), werden zusätzliche Wettbewerbsstrukturen geschaffen und unternehmerische Kompetenz und Verantwortung an Bereiche delegiert, die bislang weitgehend unselbstständig agiert haben.

Damit verändern sich auch die Anforderungen an die Organisationsmitglieder. Zu beobachten sind zunehmende Anforderungen an Selbstständigkeit und Eigenverantwortlichkeit und es wird ein hohes Maß an Flexibilität sowie Veränderungs- und Lernbereitschaft erwartet. Damit rücken neben fachlichen Kompetenzen *fachübergreifende Kompetenzen oder Schlüsselqualifikationen* zunehmend in den Mittelpunkt. Hierzu zählen vor allem soziale, methodische und personale Kompetenzen.

Führung im Wandel: Technisierung, Globalisierung

Aufgabe der Führungskräfte ist es dabei, den Wandel und Veränderungen von Strukturen (Projektmanagement, Profit-Center), aber auch von Human Resources (Lernen, Personalentwicklung) aktiv zu gestalten und die Rolle eines „Change agents" zu übernehmen. Im Rahmen des Konzepts der *„lernenden Organisation"* werden daher weitergehende Anforderungen an die Rolle der Führungskräfte z. B. als *Visionär, Berater, Teamplayer* oder *Coach* diskutiert und gefordert (Schreyögg & Noss, 1995). Innovationsfähigkeit, teamorientiertes Arbeiten und Vertrauen stehen hierbei als Führungsleitlinien im Vordergrund, während klassische Führungsinstrumente, wie Anweisungen und Kontrollen, den wachsenden Anforderungen an Innovationsfähigkeit nicht mehr allein gerecht werden.

Um als „Innovator" und „Gestalter" bzw. als „Gründer" agieren zu können, sind neben fachlichen insbesondere *soziale und personale Kompetenzen* erforderlich. Unter anderem müssen im Kontext unsicherer und turbulenter Umwelten Ziele und Visionen entwickelt, innovative Problemlösungen und Strategien zur Umsetzung entworfen und Mitarbeiter motiviert werden. Gerade für die Bewältigung von Innovations- und Veränderungsprozessen sind herausragende Leistungen der Mitarbeiter bezogen auf Ergebnisse, Motivation, Commitment etc. erforderlich. Dabei müssen Führungskräfte in der Lage sein, Widerstände zu überwinden und flexibel zu reagieren. Neben fachlicher Kompetenz sind persönliche Autonomie und Glaubwürdigkeit wichtige Voraussetzungen.

In diesem Sinne wird zunehmend auf die *Bedeutung der Persönlichkeit* von Führungskräften hingewiesen wie auch die Diskussion um den schillernden Begriff der emotionalen Intelligenz deutlich macht (Ashkanasy & Tse, 2000; Goleman, 2000). Führung wird hier weniger als Funktion oder Rolle mit klar umrissenen Aufgaben, Vorgaben und rationalen Handlungsstrategien gesehen, bei der die Person in den Hintergrund tritt und austauschbar bleibt. Vielmehr interessieren gerade bei den neueren *Leadership Ansätzen* die Persönlichkeit, herausragende Verhaltensweisen von Führungskräften und ihre Wirkung auf die Mitarbeiter. Hierzu zählen vor allem die Konzepte der transformationalen und charismatischen Führung, die noch ausführlicher vorgestellt werden.

2 Modelle, Konzepte und Theorien

In diesem Kapitel werden die prominentesten Theorien und Konzepte personaler Führung im Überblick vorgestellt. Sie greifen die Frage auf, wie sich Führungskräfte in Hinblick auf ihre Persönlichkeitsmerkmale und vor allem in Bezug auf ihr Führungsverhalten unterscheiden. Diese Frage nach systematischen Unterschieden erfolgt meist in Hinblick darauf, welche Art der Führung am erfolgreichsten ist. Daraus ergeben sich jeweils unterschiedliche Empfehlungen für die Praxis der Mitarbeiterführung. Wie bereits angedeutet, lassen sich in der Führungsforschung eine verbreitete *führerzentrierte* und eine weniger verbreitete mitarbeiterorientierte Perspektive unterscheiden. Bei der führerzentrierten Perspektive stehen das Verhalten aber auch die Persönlichkeitsmerkmale von Führungskräften im Vordergrund, während bei der *mitarbeiterorientierten* Perspektive die Wahrnehmung und Einflüsse von Seiten der Mitarbeiter in den Vordergrund gerückt werden.

Geschichte der Führungsforschung mit unterschiedlichen Sichtweisen

In der Führungsforschung lassen sich entwicklungsgeschichtliche Trends bzw. Paradigmen ausmachen. Während bis Ende der 40er Jahre eigenschafts- bzw. traittheoretische Ansätze und damit die Persönlichkeit des Führenden im Mittelpunkt standen, konzentrierte sich die nachfolgende Forschung bis Ende der 60er Jahre auf Verhalten und Verhaltensstile. Bis Anfang der 80er Jahre dominierten situative bzw. kontingenztheoretische Ansätze. Seit Mitte der 80er Jahre rückt der „new leadership approach“ mit zahlreichen Ansätzen in den Vordergrund (Bryman, 1992). Insbesondere Begriffe wie transformationale Führung, Charisma und Leadership lassen sich unter dem „new leadership approach“ subsumieren.

2.1 Die Führungskraft im Mittelpunkt

2.1.1 Persönlichkeit

Welche Persönlichkeitsmerkmale charakterisieren Führungskräfte und vor allem: Über welche Eigenschaften verfügen erfolgreiche Führungskräfte? Nachdem Stogdill (1948) vor dem Hintergrund der damaligen Forschungslage zunächst festgestellt hat, dass die Befundlage zum Zusammenhang von Führung und Persönlichkeit inkonsistent und uneinheitlich ist, galt dieser eigenschaftstheoretische Erklärungsansatz in der Forschung für längere Zeit als überholt. Erst in den letzten zehn Jahren hat das Interesse an Persönlichkeit als Erklärungsansatz wieder zugenommen. Neuere Forschungsmethoden wie z. B. Metaanalysen brachten hier neue Erkenntnisse. Insbesondere die *Big-Five* (Costa & McCrae, 1992) wurden als Persönlichkeitsmerkmale häufig im Zusammenhang mit Führungserfolg untersucht. Dabei handelt es sich um Gewissenhaftigkeit, Extraversion, Verträglichkeit, emotionale Stabilität (Neurotizismus) und Offenheit.

Persönlichkeitseigenschaften und Intelligenz beeinflussen die Erfolgswahrscheinlichkeit von Führungskräften

Judge, Bono, Ilies und Gerhardt (2002) berichten auf Grundlage ihrer aktuellen Metaanalyse bedeutsame Zusammenhänge zwischen Führungserfolg (*leadership effectiveness*) und allen fünf Dimensionen der Big-Five (s. Abbildung 5). Als besonders stabil erweisen sich die Zusammenhänge für Extraversion und Offenheit. Interessant ist, dass diese Persönlichkeitsmerkmale nicht nur mit dem Führungserfolg zusammenhängen, sondern auch für die Frage relevant sind, wer überhaupt Führungskraft wird (*leadership emergence*). Weitere Dimensionen, die mit Führungserfolg zusammenhängen, sind Durchsetzungsfähigkeit, die eigene Kontrollüberzeugung, Selbstwert, Leistungsmotivation. Lord, DeVader und Alliger (1986) konnten zeigen, dass auch kognitive Fähigkeiten (Intelligenz) bedeutsam sind. Alle in Abbildung 5 dargestellten Zusammenhänge sind statistisch bedeutsam.

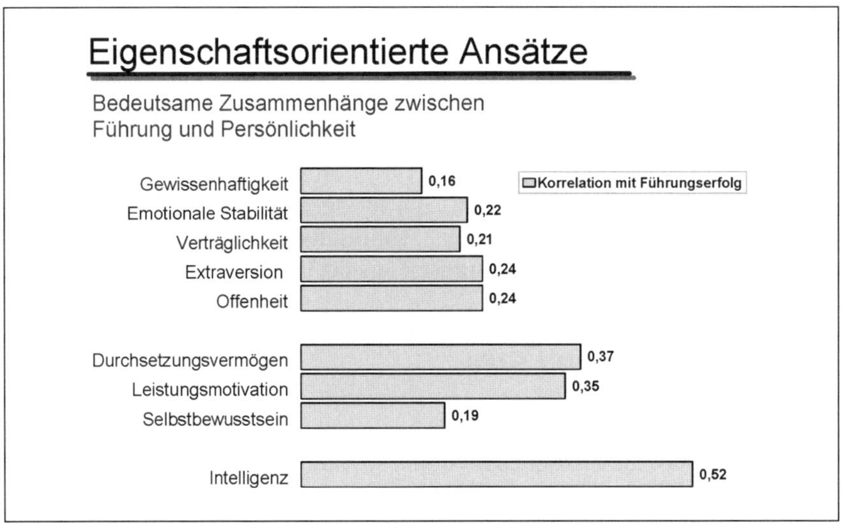

Abbildung 5:
Führung und Persönlichkeit (Judge et al., 2002; Lord et al., 1986)

Silverthorne (2001) untersuchte den Zusammenhang von Führungserfolg und den Big-Five in unterschiedlichen kulturellen Kontexten (USA, Thailand, Taiwan). Demnach unterschieden sich erfolgreiche von weniger erfolgreichen Führungskräften durch höhere Ausprägungen in den Faktoren Verträglichkeit und emotionale Stabilität. In einer aktuellen Metaanalyse zum Zusammenhang transformationaler Führung und Persönlichkeit fanden Bono und Judge (2004) vor allem konsistente Zusammenhänge für Extraversion (positiv) und Neurotizismus (negativ).

Insgesamt zeigen die Befunde, dass Persönlichkeitseigenschaften sowohl bei der Frage, ob jemand eine Führungsrolle übernehmen wird, als auch bei der Vorhersage des Erfolgs als Führungskraft eine bedeutende Rolle spielen. Die Wahrscheinlichkeit, dass z. B. extravertierte Personen, denen es leichter fällt, Kontakt aufzubauen, mit anderen zu kommunizieren und sie zu überzeugen, in Führungsrollen gelangen und dort auch erfolgreich sind, ist damit größer als für Personen, die sich in sozialen Situationen eher zurückhalten oder diese gar vermeiden.

Persönlichkeit bei Auswahl von Führungskräften berücksichtigen

Ähnliches gilt für Neurotizismus bzw. emotionale Stabilität. Ängstlichen und unsicheren Personen fällt es eher schwer, die Initiative zu ergreifen und sich in sozialen Situationen erfolgreich durchzusetzen. Auch werden sie bei Problemen eher zögern und Herausforderungen skeptisch gegenüberstehen. Gute kognitive Fähigkeiten erhöhen auf der anderen Seite die Wahrscheinlichkeit erfolgreicher Problemlösungen.

Vor diesem Hintergrund scheint es durchaus sinnvoll, bei der Auswahl von Führungskräften oder beim Karrierecoaching auf persönlichkeitsdiagnostische Verfahren zurückzugreifen. Neben klassischen Verfahren der Persönlichkeitsdiagnostik (z. B. zur Erfassung der Big-Five: Borkenau & Ostendorf, 1993) und Verfahren zur Erfassung kognitiver Fähigkeiten (z. B. Intelligenz) stehen hierfür mittlerweile berufspezifische Instrumente wie das „Bochumer Inventar zur berufsbezogenen Persönlichkeitsbeschreibung" (BIP) von Hossiep und Paschen (2003) zur Verfügung. Allerdings darf nicht übersehen werden, dass angesichts der moderaten Zusammenhänge zwischen Persönlichkeit und Führung (Abbildung 5), Persönlichkeitsunterschiede nur einen Teil des Führungserfogs erklären.

2.1.2 Verhalten und Stile

Nachdem das Interesse an der Persönlichkeit aufgrund damals inkonsistenter Forschungsbefunde zunächst verblasst war, wandte man sich dem Verhalten von Führungskräften zu. Es wurde als unwichtig angesehen, welche Persönlichkeitseigenschaften letztlich zum Erfolg führen. Wichtiger erschien nun, welches Verhalten sich als effizient erweist. Die Beschäftigung mit Verhalten wurde auch insofern als fortschrittlich betrachtet, als damit auch eine Abkehr von der eher unveränderbaren Persönlichkeit verbunden war. Die Idee des Behaviorismus, die damals die Psychologie beeinflusst hat, ging davon aus, dass jedes Verhalten gelernt werden kann. Damit war Führungserfolg nicht mehr eine Frage von Abstammung und Geburt (zur Führungskraft geboren), sondern eine Fähigkeit, die durch Sozialisation und Lernen erworben werden kann. Wichtig war noch zu wissen, welches das richtige Verhalten ist.

Führung ist erlernbar

Angestoßen wurde diese Entwicklung durch die Führungsstilforschung des in den 30er Jahren emigrierten deutschen Gestaltpsychologen *Kurt Lewin,* der dann zunächst an der Child Welfare Research Station der Universität von Iowa forschte und die weitere Führungsforschung maßgeblich beeinflusste. Auf seine Untersuchungen zu unterschiedlichen Erziehungsstilen geht die Unterscheidung zwischen den drei Führungsstilen demokratisch, autoritär und laissez-faire zurück (Lewin, Lippit & White, 1939; Lippit & White, 1943). Die wesentlichen Merkmale dieser drei Stile sind in Tabelle 2 aufgeführt.

Während der Forschung von Lewin eine klare Vorstellung von guter und effektiver Führung zu Grunde lag, haben sich andere Forschergruppen zunächst wertneutral für empirisch beobachtbares Verhalten in der Führungsrealität interessiert und dieses zu systematisieren versucht. Hierzu wurden sogenannte Führungsepisoden gesammelt (ca. 1.790), auf kurze Verhaltensaussagen reduziert (150 Items) und anschließend Mitarbeitern in zahlreichen Studien vorgelegt, um einschätzen zu lassen, inwieweit sie diese Verhaltensweisen bei ihren Führungskräften beobachten. Insbesondere die an der Ohio-State-University durchgeführten Studien (Ohio Studien) haben ergeben, dass sich Führungsverhalten mittels faktorenanalytischer Methoden in zwei große Bereiche bzw. Verhaltensorientierungen „initiating of structure" (Aufgabenorientierung) und „consideration" (Mitarbeiterorientierung und Rücksichtnahme) unterscheiden lässt (Fleishman, 1953, 1973; Hemphill & Coons, 1957).

Noch heute gültig: Consideration und Initiating of Structure bzw. Mitarbeiter- und Aufgaben-orientierung

Mitarbeiterorientierung kennzeichnet ein Führungsverhalten, das durch Wertschätzung gegenüber dem Mitarbeiter, Rücksichtnahme auf individuelle Bedürfnisse und Beteiligung bestimmt ist, während *Aufgabenorientierung* die Klärung von Zielen, Aktivierung und die Kontrolle der Zielerreichung in den Vordergrund stellt. Damit ist die Unterscheidung zwischen Aufgaben- und Mitarbeiterorientierung im Wesentlichen empirisch begründet und geht auf die faktorenanalytische Auswertung der Beschreibungen von Führungsepisoden und daraus abgeleiteter Einschätzungen hervor, die Mitarbeiter in zahlreichen Studien für ihre Führungskräfte vorgenommen haben.

Mit dem Leadership Behavior Description Questionnaire (LBDQ; Hemphill & Coons, 1957) sowie dem Supervisor Behavior Description Questionnaire (SBDQ; Fleishman, 1989) können die beiden Orientierungen erfasst werden. Der Fragebogen zur Vorgesetzten-Verhaltens-Beschreibung (FVVB) wurde von Fittkau und Fittkau-Garthe (1971) als deutsche Version des LBDQ entwickelt.

Kontrovers: Partizipativ oder Direktiv

Zu ähnlichen Befunden wie in den Ohio Studien kam auch eine Forschergruppe an der Michigan Universität (Likert, 1961). Sie unterschieden analog zwischen Mitarbeiterorientierung und Produktionsorientierung, gingen aber davon aus, dass es sich hierbei jeweils um die Endpunkte eines *Kontinuums* handelte. Von einer ähnlichen Annahme ging auch der *Partizipationsansatz* von Tannenbaum und Schmidt (1973) aus. Führungskräfte unterschieden sich demnach dadurch, dass sie entweder produktions- oder

Tabelle 2:
Merkmale der Führungsstile

	Autoritär	Laissez-faire	Demokratisch
Verhalten	– Strikte Anweisungen und Kontrolle – Leiter entscheidet allein – wenig Kommunikation zwischen Gruppenmitgliedern	– Verzicht auf Leitung: Passivität – Unverbindlichkeit in Bezug auf Ziele und deren Durchsetzung, Nachgiebigkeit – Leitung hält sich aus Gruppenprozess heraus	– gemeinsame Beratung und Entscheidungen – Verantwortung und Kompetenz der Gruppe wird gestärkt
Leitlinien	– „Teile und herrsche" – „Vertrauen ist gut, Kontrolle ist besser" – „Befehl und Gehorsam"	– „laufen lassen" – „das wird sich schon regeln"	– Vertrauen in und Unterstützung der Mitarbeiter steigern Motivation und Leistung
Werte	– Ordnung und Disziplin – Unterordnung und Anpassung	– vermeintlich: Freiheit und Individualität, im Hintergrund Gleichgültigkeit oder Unsicherheit	– Demokratie, Gleichheit – Selbstbestimmung – Individualität
Leistung	– Leistung kurzfristig hoch, langfristig droht Abfall insbes. bei nachlassender Kontrolle oder Leitungswechsel – bei komplexen Problemen ineffizient – bei Gruppenmitgliedern entstehen Resignation und Passivität ggf., Aggression	– Ratlosigkeit und Unsicherheit bei den Gruppenmitgliedern – Regression und Verwahrlosung – Schuldgefühle und Wunsch nach autoritärer Leitung – Cliquenbildung und Zerfall	– hohe Leistung und Beständigkeit – kann zeitweilig auch ohne Leitung arbeiten – Vorstufe zu Selbstorganisation

mitarbeiterorientiert bzw. direktiv oder partizipativ führten, aber nicht beides gleichzeitig.

Die Autoren der Ohio Studien postulierten hingegen zwei unabhängige Dimensionen, deren Ausprägungen *unabhängig* voneinander variieren könnten. Durch Kombination unterschiedlicher Ausprägungen beider Dimensionen, lassen sich wieder unterschiedliche Stile bestimmen. So entspricht eine geringe Ausprägung auf beiden Dimensionen (d. h. weder aufgaben- noch mitarbeiterorientiert) dem Laissez faire Stil von Lewin und die Kombination aus hoher Aufgabenorientierung und geringer Mitarbeiterorientierung dem autoritären Führungsstil. Blake und Mouton (1964) haben vor dem Hintergrund der beiden unabhängigen Dimensionen ihren *Grid-Ansatz* entwickelt. Beide Dimensionen 1) concern for people und 2) concern for production spannen ähnlich einem Koordinatensystem ein 9-stufiges Verhaltensgitter auf, in dem sich jeder individuelle Stil verorten lässt. Ein 9/9-Führungsstil (Teammanagement) ist durch hohe Ausprägungen auf beiden Dimensionen gekennzeichnet, während 9/1 eine hohe Aufgabenorientierung und 1/9 eine hohe Mitarbeiterorientierung bedeuten. Eindeutig favorisiert wird der 9/9-Führungsstil. Mit dem Grid Ansatz ergibt sich die Möglichkeit einer systematischen Entwicklung durch Training und Coaching.

Der 9/9 Stil: Aufgaben- und Mitarbeiterorientiert

Vor dem Hintergrund einer zweidimensionalen Betrachtung von Führung sind zahlreiche Studien durchgeführt worden. Aufgaben- und Mitarbeiterorientierung haben sich als weitgehend reliabel erwiesen und korrelieren in der Regel positiv miteinander (Wegge & v. Rosenstiel, 2004). Natürlich sollte Führungsverhalten nicht nur systematisiert und reliabel erfasst werden, sondern es sollten auch Fragen nach dem Erfolg beantwortet werden. Daher interessierte immer wieder die Frage, inwieweit beide Dimensionen mit Führungserfolg korrelieren.

Die Befunde einer aktuellen Metaanalyse von Judge, Piccolo und Ilies (2004) zeigen, dass „Consideration“ insbesondere mit Arbeitszufriedenheit und Zufriedenheit mit der Führungskraft, aber auch mit Motivation und Leistung korreliert, während „Initiating of structure“ insgesamt niedrigere Zusammenhänge aufweist. Die Korrelationen beider Dimensionen mit Leistung der Gruppe und der Führungskraft fallen aber ähnlich hoch aus (Abbildung 6). Auf höheren Hierarchieebenen finden sich insgesamt stärkere Zusammenhänge als auf unteren Ebenen. Das kann damit erklärt werden, dass Führungskräfte auf oberen Ebenen mehr Einflussmöglichkeiten haben, während der Spielraum auf unteren Ebenen sowohl in die positive als auch in die negative Richtung eher begrenzt ist.

Zusammenfassend zeigen die Befunde, dass die Streitfrage, ob nun partizipative und mitarbeiterorientierte Führung oder direktive und aufgabenorientierte Führung erfolgreicher ist, nicht zu Gunsten eines Stils beantwortet werden kann. Vielmehr tragen beide Stile wesentlich zum Erfolg

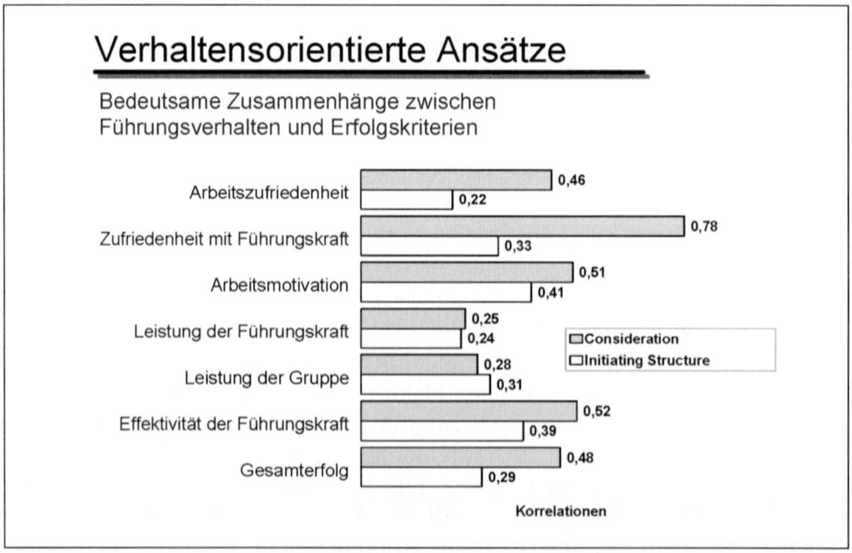

Abbildung 6:
Führungsverhalten und Erfolg (Judge et al., 2004)

bei. Offenbar geht es nicht um ein „entweder oder“, sondern um ein ausgewogenes „sowohl als auch“. Außerdem hängt die Beantwortung der Frage von gewählten Erfolgskriterien ab. Praktisch bedeutet dies, dass sich Führungskräfte ihrer Stärken und Schwächen in beiden Verhaltensbereichen bewusst sein sollten und erkannte Defizite in dem einen odere anderen Bereich ausgleichen sollten.

Führungskräfte, die zu einer starken Aufgabenorientierung neigen, sollten überprüfen, wie es ihnen gelingen kann, ihre Mitarbeiter stärker zu beteiligen und einzubeziehen. Umgekehrt sollten Führungskräfte mit einer ausgeprägten Mitarbeiterorientierung darauf achten, dass sie für eindeutige und verbindliche Ziele sorgen und deren Erreichung konsequent verfolgen. Um das eigene Führungsverhalten angemessen und realistisch einschätzen zu können, bieten sich u. a. die genannten Instrumente zur Führungsstilanalyse an (s. a. Kapitel 3.1). Zusätzliche Klarheit über das eigene Verhalten und dessen Wirkung wird durch den Vergleich von Selbst- und Fremdeinschätzung erlangt.

2.1.3 Situation und Kontext

Die bislang vorgestellten Führungskonzepte gingen noch davon aus, dass es einen idealen Führungsstil gibt, dessen Überlegenheit es zu beweisen galt. Sowohl die nicht ganz widerspruchsfreie empirische Befundlage als auch theoretische Einwände stellten diese Annahme zunehmend in Frage. Ist eine mitarbeiterorientierte Führung tatsächlich immer erfolgreich oder kann es nicht durchaus Situationen geben, in denen zu viel Rücksicht auf die Interessen der Mitarbeiter unangebracht ist und vor allem die Aufgabe im Vordergrund stehen muss?

Während sich in der Psychologie insgesamt die Ansicht durchsetzte, dass Verhalten aus einem Zusammenspiel von Person und Situation, also einer *interaktionistischen Perspektive* zu verstehen ist, begann auch die Führungsforschung verstärkt, den Kontext zu berücksichtigen. Die Antwort auf die Frage, welche Art der Führung erfolgreich ist, lautete nun: Es kommt darauf an! Stellvertretend werden im Folgenden drei prominente Beispiele vorgestellt.

Es hängt von der Situation ab, welcher Stil effizient ist

Die weitaus größte Popularität hat wohl der *Kontingenzansatz* von Fiedler (1967) erlangt. Fiedlers Untersuchungen hatten gezeigt, dass mitarbeiterorientierte Führung nicht immer mit Erfolg zusammenhing, sondern nur in bestimmten Situationen. Fiedler schlussfolgerte aus seinen Ergebnissen, dass die Situation für die Führungskraft nicht zu ungünstig aber auch nicht zu günstig sein durfte. In diesen extremen Situationen korrelierte mitarbeiterorientierte Führung kaum oder sogar negativ mit Erfolg. War die Situation weder besonders günstig noch besonders ungünstig, erwies sich mitarbeiterorientierte Führung hingegen als effektiv. Wovon hing nun die Günstigkeit der Situation ab?

Fiedler unterschied drei Faktoren:
1. *Positionsmacht*,
2. *Strukturiertheit* der Aufgabe und
3. die *Beziehung* zwischen Führer und Gruppenmitgliedern.

Die unterschiedlichen Kombinationsmöglichkeiten der Ausprägungen der drei Faktoren determinieren die Günstigkeit der Situation. Auf Grundlage der drei Faktoren lassen sich acht Situationstypen unterscheiden. Damit ist die Gruppenleistung abhängig vom Zusammenpassen des Führungsstils und der Günstigkeit der Situation. Die Leistung kann dadurch verbessert werden, dass die Konstellation von Führungsstil und Situation optimiert wird. Damit gibt es nicht mehr den „guten“ oder „schlechten“ Vorgesetzten, sondern nur günstige oder ungünstige Konstellationen. Ein wesentlicher Ansatzpunkt zur Beeinflussung des Führungserfolges ist die Veränderung der Organisation (organizational engineering: „engineer the job to fit the manager“), z. B. durch Veränderungen der Arbeitsstruktur. Die Möglichkeiten, den individuellen Führungsstil zu verändern, hat Fiedler eher skeptisch beurteilt. Auch wenn die Frage der empirischen Evidenz kontrovers diskutiert wird (Neuberger, 2002; Peters, Hartke & Pohlmann, 1985), besteht der Verdienst dieses Ansatzes darin, die Einflüsse von Führungsverhalten und Situationsmerkmalen nicht isoliert, sondern gemeinsam zu betrachten.

Führung muss den Reifegrad der Mitarbeiter berücksichtigen

Eine ähnlich situative Perspektive findet sich bei Hersey und Blanchard (1996). Ausgangspunkt ist hier die Frage, ob partizipative Führung generell wünschenswert oder ob sie an bestimmte Voraussetzungen auf Seiten der Mitarbeiter gebunden ist. In ihrem weit verbreiteten Konzept der *situativen Führung* postulieren Hersey und Blanchard (1996), dass ähnlich wie bei der elterlichen Erziehung von Kindern es auch bei Mitarbeitern insbesondere vom Reifegrad der „Geführten" abhängt, welches Führungsverhalten effektiv ist.

Vor dem Hintergrund dieses Entwicklungsgedankens haben sie ihren Ansatz auch als *Life Cycle Theory of Leadership* bezeichnet. Beim Reifegrad sind zwei Dimensionen zu unterscheiden: Motivation und Kompetenz. Durch Kombination der beiden Dimensionen lassen sich vier Mitarbeitertypen unterscheiden, für die unterschiedliches Führungsverhalten empfohlen wird. Bei Mitarbeitern, die weder kompetent noch motiviert sind, ist eher ein aufgaben- und wenig mitarbeiterorientierter Stil erforderlich (telling, directing). Im Vordergrund sollten hier klare Anweisungen, Vorgaben und eine enge Kontrolle stehen (command and control). Dieses Führungsverhalten wäre aber bei kompetenten und motivierten Mitarbeitern unproduktiv und demotivierend. Bei diesem Mitarbeitertyp sollte möglichst viel Entscheidungskompetenz und Verantwortung delegiert werden, um selbstständiges Arbeiten zu ermöglichen (delegating). Sind Mitarbeiter motiviert aber nicht kompetent, wird empfohlen, die Mitarbeiter einzubinden und als Führungskraft die Rolle eines Beraters einzunehmen (participating or supporting). Im umgekehrten Fall (kompetent, aber nicht motiviert) kommt es vor allem darauf an, die Mitarbeiter vom Sinn und Zweck der anstehenden Aufgaben und Maßnahmen zu überzeugen (persuading or selling). Beraten und Überzeugen bedeuten eine intensive Auseinandersetzung mit dem Mitarbeiter und sind daher eher mitarbeiterorientiert.

Durch Führung Kompetenz und Motivation der Mitarbeiter entwickeln

Wichtig ist bei diesem Ansatz, dass der Reifegrad nicht unveränderlich ist (z. B.: Mitarbeiter ist und bleibt unreif), sondern sich über die Lebensspanne entwickeln kann (Life Cycle Theory of Leadership). Es ist eine zentrale Führungsaufgabe, den Reifegrad der Mitarbeiter zu *fördern*. Dazu ist es wichtig, die unterschiedlichen Voraussetzungen bei den Mitarbeitern zu erkennen, um diese durch geeignete Maßnahmen zu entwickeln. Hierzu gehören neben Qualifizierungs- und Trainingsmaßnahmen vor allem die Zuweisung anspruchsvoller Arbeitsaufgaben und die Gewährung von Handlungs- und Entscheidungsspielräumen. Auf jeden Fall raten Hersey und Blanchard davon ab, den Führungsstil zu ändern, ohne den Reifegrad der Mitarbeiter zu berücksichtigen. Wenn Führungskräfte ihre Aufgabe darin sehen, die Bedürfnisse ihrer Mitarbeiter zu erkennen und ihre „Reife" zu entwickeln, wird sich ihr Führungsverhalten verändern.

Vroom und Yetton (1973) haben sich insbesondere der Frage zugewandt, in welchen Situationen Führungskräfte eher alleine entscheiden sollten (direktiv) und wann es besser ist, die Mitarbeiter in den *Entscheidungsprozess* einzubeziehen (partizipativ). Auch hier gilt, dass die Frage nicht generell, sondern nur in Abhängigkeit der Situation beantwortet werden kann (s. a. Vroom & Jago, 2007). Wichtig ist z. B., ob genügend *Zeit* zur Verfügung steht, die Entscheidung eindeutig ist, oder ihre *Qualität* durch die Einbeziehung der Mitarbeiter verbessert werden kann. Ein weiterer Punkt betrifft die *Akzeptanz* der Entscheidung. Ist die erfolgreiche Umsetzung einer Entscheidung davon abhängig, dass sie von den Mitarbeitern akzeptiert und mitgetragen wird, ist es unerlässlich, die Mitarbeiter im Vorfeld einzubinden. Um in einer konkreten Situation das richtige Maß an Partizipation auswählen zu können, haben Vroom und Yetton (1973) einen Entscheidungsbaum mit einem Fragealgorithmus entwickelt. Entlang der Verästelungen des Entscheidungsbaumes sind eine Reihe von Fragen zu beantworten (z. B.: Verfüge ich als Führungskraft über alle erforderlichen Informationen? Ist die Akzeptanz der Mitarbeiter wichtig für erfolgreiche Ausführung? etc.), die dann zur empfohlenen Vorgehensweise führen (z. B. A[utoritär] I: autoritär ohne Rücksprache, A II: autoritär unter Einholen von Infos, C[onsultativ] I: Entscheidung durch Führungskraft nach Beratung mit einzelnen Mitarbeitern, C II: Entscheidung durch Führungskraft nach Beratung mit der Gruppe in einer gemeinsamen Sitzung, G[roup]: Entscheidung durch die Gruppe, Führungskraft ist eher in der Rolle des Moderators).

Unterschiedliche Situationen erfordern unterschiedliche Entscheidungsstrategien

Entscheidend ist auch hier wieder, dass es keinen optimalen Führungs- bzw. Entscheidungsstil gibt. Vielmehr sollten sich Führungskräfte ihrer unbewussten Entscheidungsstrategien bewusst sein (z. B. Tendenz alleine zu entscheiden) und über das gesamte Repertoire an Strategien verfügen, um in der jeweiligen Situation flexibel und angemessen reagieren zu können, indem situativ die jeweils beste Strategie ausgewählt wird.

Die Wirksamkeit entsprechender *Trainingsansätze* konnte in zahlreichen Studien nachgewiesen werden (Vroom & Jago, 2007). Die individuellen Entscheidungspräferenzen und deren Angemessenheit können z. B. mit dem LJI – Leadership Judgement Indicator (Lock & Wheeler, 2005) diagnostiziert werden und die Entscheidungskompetenzen von Führungskräften können dann in entsprechenden Entscheidungstrainings entwickelt werden. Eine deutsche Version des LJI ist in Vorbereitung (Neubauer, Bergner & Felfe, in press).

Richtiges Entscheidungsverhalten ist trainierbar

Hierfür haben Vroom und Jago einige Entscheidungsregeln formuliert, die zum einen die Qualität der Entscheidungen (1–2) aber auch die Akzeptanz (3–4) gewährleisten sollen. Exemplarisch sind im Folgenden einige Regeln aufgeführt.

Aus praktischer Sicht sollten sich Führungskräfte nicht nur der eigenen Verhaltenspräferenzen bewusst sein, sondern auch verstehen, von welchen Bedingungen es noch abhängt, welches Verhalten erfolgversprechend ist. Auch wenn die Forschung sicherlich nur eine Auswahl relevanter Situa-

Wichtige Merkmale der Situation erkennen und flexibel reagieren

Beispiele für Entscheidungsregeln
1. Leader Information Rule
Wenn es auf die Qualität der Entscheidung ankommt und die Führungskraft nicht über alle erforderlichen Informationen verfügt, um das Problem selber zu lösen, ist A I (autoritär ohne Rücksprache) ausgeschlossen.
2. Unstructured Problem Rule
Wenn es auf die Qualität der Entscheidung ankommt und die Führungskraft nicht über alle erforderlichen Informationen verfügt, um das Problem selber zu lösen, und das Problem komplex und unstrukturiert ist, müssen die Mitarbeiter Gelegenheit haben, das Problem gemeinsam im Team zu klären, um eine Lösung zu entwickeln. Damit sind neben A I auch A II (autoritär unter Einholen von Infos) und C I (Entscheidung durch Führungskraft nach Beratung mit einzelnen Mitarbeitern) ausgeschlossen.
3. Acceptance Rule
Wenn die Akzeptanz der Mitarbeiter eine notwendige Voraussetzung für die effektive Umsetzung einer Entscheidung ist, und nicht sicher ist, ob eine autoritäre Entscheidung akzeptiert wird, sind A I und A II ausgeschlossen.
4. Conflict Rule
Wenn die Akzeptanz der Mitarbeiter eine notwendige Voraussetzung für die effektive Umsetzung einer Entscheidung ist, nicht sicher ist, ob eine autoritäre Entscheidung akzeptiert wird, und Dissens unter den Mitarbeitern besteht, muss Gelegenheit geschaffen werden im Team gemeinsam eine Einigung zu erzielen. Damit ist neben A I und A II (autoritär unter Einholen von Infos) auch C I (Entscheidung durch Führungskraft nach Beratung mit einzelnen Mitarbeitern) ausgeschlossen.

tionsmerkmale identifiziert hat, solllten vor allem der Reifegrad der Mitarbeiter sowie zeitliche und inhaltliche Rahmenbedingungen nicht unberücksichtigt bleiben. Das Leitbild einer erfolgreichen Führung besteht damit nicht darin, sich einem bestimmten Stil zu verpflichten, sondern flexibel und situationsangemessen reagieren zu können.

Während die in diesem Kapitel genannten Ansätze Einfluss und Bedeutung des Führungsverhaltens für den Erfolg einer Organisation von Merkmalen der Situation im Sinne einer Moderatorvariable abhängig machen, stellt z. B. Perrow (1970) aus einer soziologischen Perspektive den *Kontext in den Mittelpunkt*. Der Einfluss von einzelnen Führungskräften ist demnach äußerst begrenzt: Führungskräfte zeigen einen bestimmten Führungsstil, weil die Situation es erfordert und keine anderen Alternativen erlaubt.

Führungsverhalten ist außerdem das Ergebnis von organisationalen Selektions- und Sozialisationsprozessen. Die individuelle Variationsmöglichkeit ist hierdurch erheblich eingeschränkt. Führungsverhalten ist damit nicht Ursache, sondern eine abhängige Variable, die durch die Situation oder den Kontext als unabhängige Variable erklärt werden kann. Lowin und Craig (1968) zeigten zum Beispiel in einer experimentellen Studie, dass die Effektivität von Teams das Führungsverhalten beeinflusst und nicht umgekehrt. Ebenso wie Vroom und Jago (2007) von Validierungsstudien zu ihrem Ansatz berichten, in denen sie fanden, dass die unterschiedlichen Situationen mehr Varianz erklärten als individuelle Unterschiede. Auch der bereits vorgestellte Ansatz der *Führungssubstitute* (Kerr & Jermier, 1978) betont die Bedeutung von Strukturen und organisationalen Rahmenbedingungen für die Beeinflussung von Mitarbeitern.

Spielraum für Führungskräfte ist zum Teil begrenzt

2.1.4 Soziale Kognitionen und Motivation

Verantwortungszuschreibung beeinflusst Führungsverhalten

Lässt sich Führungsverhalten als stabile Verhaltenstendenz der Führungskraft verstehen und erklären oder kommt bei dieser Sichtweise das Zusammenspiel von Führungskraft und Mitarbeiter zu kurz? Aus einer motivationspsychologischen und sozial kognitiven Perspektive wird diesen Interaktionsprozessen in der Folgezeit mehr Aufmerksamkeit gewidmet.

Attributionen sind sozial kognitive Prozesse, bei denen es darum geht, Ursachen für Verhalten von Personen zuzuschreiben. Führungskräfte können den Erfolg oder Misserfolg ihrer Mitarbeiter z. B. in hervorragenden Kompetenzen bzw. unzureichenden Fähigkeiten oder in günstigen bzw. ungünstigen Umständen begründet sehen. Je nachdem welche Ursache attribuiert wird (z. B.: Ist der Mitarbeiter verantwortlich oder sind es die Umstände?), werden Führungskräfte unterschiedlich reagieren und entsprechende Maßnahmen ergreifen (Anerkennung, Unterstützung, Sanktionen).

Die *Attributionstheorie der Führung* geht somit davon aus, dass das Verhalten einer Führungskraft vor allem als Reaktion auf das wahrgenommene Verhalten der Mitarbeiter und der daraus folgenden Attributionen zu verstehen ist (Green & Mitchell, 1979; Mitchell & Wood, 1980; Mitchell, 1995). Grundsätzlich ist aus der sozialpsychologischen Forschung bekannt, dass Attributionen nicht immer zutreffend sind, und dass Personen zu systematischen Fehlattributionen neigen. So konnte in vielen Studien die Tendenz belegt werden, die Ursachen von Verhalten eher in der Person als in der Situation zu suchen. Dieses Phänomen wird als *fundamentaler Attributionsfehler* bezeichnet.

Systematische Fehler bei der Verantwortungszuschreibung

Es ist leicht vorstellbar, dass es schnell zu Konflikten kommen kann, wenn sich Mitarbeiter ungerecht behandelt fühlen, weil sie voreilig für einen Misserfolg verantwortlich gemacht und die Umstände übersehen werden. Tatsächlich hängt unsere Attribution stark von der Wahrnehmungsperspektive ab: Handelnde (in dem Fall Mitarbeiter) neigen in einer Situation eher als Beobachter (in dem Fall Führungskräfte) dazu, die Einflüsse der Situation als entscheidend für ihr Verhalten einzustufen. Darüber hinaus neigen Menschen grundsätzlich dazu, durch ihre Attributionen ihren Selbstwert zu schützen, indem sie andere Personen, den Zufall oder die Situation für eigene Fehler verantwortlich machen (externale Attribution). Erfolge hingegen werden eher auf die eigenen Fähigkeiten zurückgeführt.

Auch unsere *Einstellungen und Erwartungen* gegenüber anderen beeinflussen unsere Urteile. Der Misserfolg eines Mitarbeiters, der eigentlich für fähig und leistungsstark gehalten wird, wird eher den ungünstigen Umständen angekreidet, während für den Erfolg eines Mitarbeiters, dessen Leistungsfähigkeit gering eingeschätzt wird, eher Glück oder der Zufall verantwortlich gemacht werden. Durch die Gewährung oder den Entzug von sozialer und fachlicher Unterstützung, besteht eine große Wahrscheinlichkeit, dass sich die ursprünglichen Urteile langfristig im Sinne selbsterfüllender Prophezeiungen bestätigen.

Attrribution ist entscheidend für Motivation der Mitarbeiter

Im Führungsalltag sollten Führungskräfte sich daher ihrer Einstellungen, Erwartungen und Attributionen sowie ihrer Bedeutung für das eigene Verhalten gegenüber den Mitarbeitern bewusst sein, um angemessen reagieren zu können. In der Regel bedeutet das, sich der Einstellung gegenüber dem eigenen Mitarbeiter bewusst zu sein und im *Gespräch*, insbesondere durch Fragen nach der Sichtweise der Mitarbeiter, für eine angemessene Diagnose der Situation zu sorgen, um vorschnelle Urteile zu vermeiden. Das kann aber auch bedeuten, als Führungskraft die Attributionen der Mitarbeiter kritisch zu hinterfragen (z. B.: Sind tatsächlich immer die anderen Schuld, wo liegt der eigene Anteil?). Insbesondere geht es darum, vorschnelle Urteile über die Ursachen von Erfolg oder Misserfolg zu vermeiden. Fehlattributionen erschweren nicht nur eine nachhaltige Problemlösung, sondern können im Sinne selbsterfüllender Prophezeihungen und durch Demotivation die Problemlage verschärfen.

Attributionsprozesse beeinflussen damit auch die *Motivation*. Glaubt ein Mitarbeiter, dass er kaum selber Einfluss auf seinen Erfolg hat oder bei seinem Vorgesetzten keine Chance zu haben, mag es recht aussichtslos erscheinen, durch besondere Anstrengung die Ergebnisse zu verbessern oder die negative Einstellung des Vorgesetzten zu ändern. Dass die Aussicht bzw. die Erwartung auf Erfolg entscheidend für die Motivation ist, wird vor allem im folgenden Ansatz betont.

Ging man bislang davon aus, dass Partizipation und mitarbeiterorientierte Führung durch die Befriedigung sozialer Motive und des Motivs nach Selbstverwirklichung per se motivierend sind, betont die *Weg-Ziel Theorie* (Path-Goal-Theory) von House (1971) und Evans (1970) insbesondere die kognitiven Aspekte des Motivationsprozesses. Führungserfolg hängt wesentlich davon ab, wie es der Führungskraft gelingt, ihre Mitarbeiter zu motivieren, sich anzustrengen.

Motivation entsteht durch attraktive und erreichbare Ziele

Grundlage der Weg-Ziel-Theorie sind der *Erwartung × Wert*-Ansatz (Atkinson, 1958) und die nachfolgenden Entwicklungen von Vroom (1964). Demnach hängt die Anstrengungsbereitschaft von der Attraktivität des Ziels (Wert, Valenz) und der Wahrscheinlichkeit, dass dieses Ziel erreicht werden kann (Erwartung, Instrumentalität), ab. Hohe Motivation lässt sich demnach nur erzielen, wenn ein bestimmtes Ziel für Mitarbeiter hinreichend attraktiv ist und auch erreichbar erscheint. Bleibt den Mitarbeitern der Nutzen eines Ziels unklar oder erscheint das Ziel unerreichbar, sinkt die Motivation.

Wichtig ist hierbei natürlich, dass die Erreichung der erwarteten Ergebnisse auch durch Feedback wahrgenommen werden kann und die Erreichung bzw. Nichterreichung, im Sinne von Belohnung und Bestrafung konkrete Konsequenzen nach sich zieht. Bleibt die eigene Anstrengung hingegen ohne Einfluss auf das Ergebnis, ist der Anreiz für weiteres Engagement gering.

Belohnung und Bestrafung wirken nur, wenn sie systematisch erfolgen

Erleben die Mitarbeiter aber einen Zusammenhang, d. h. Kontingenz zwischen der eigenen Anstrengung und Leistung auf der einen und dem Erfolg bzw. Misserfolg auf der anderen Seite, steigt die Instrumentalität des Verhaltens und damit die Bereitschaft, sich für das Erreichen attraktiver Ziele einzusetzen (House, 1971). Auch aus lerntheoretischer Perspektive fördern kontingente Bestrafung und Verstärkung die Leistung (Reinforcement analysis of leadership, Sims, 1977). Podsakoff, Bommer, Podsakoff und MacKenzie (2006) haben in einer Metaanalyse gezeigt, dass vor allem systematische Belohnung aber auch systematische Bestrafung leistungsförderlich ist.

Unsystematische Belohnungen hingegen schaden zwar nicht, verpuffen aber nahezu in ihrer Wirkung. Eindeutig negativ sind die Auswirkungen unsystematischer Bestrafungen! Allgemeine Belobigungen oder Zusatzleistungen sind sicher dem allgemeinen Betriebsklima zuträglich, stimulieren aber kaum individuelle Leistungen. Demotivierend sind hingegen in jedem Fall pauschale Kritiken, Sanktionen und Einsparungen vor allem dann, wenn sie Mitarbeiter treffen, die sich besonders engagiert haben. Insbesondere der

Eindruck von Willkür und Unberechenbarkeit steigert das Ungerechtigkeitsempfinden und wirkt sich negativ auf die Leistungsbereitschaft aus!

Ein klares Ziel vor Augen fördert Anstrengung und Effizienz

Neben Attraktivität und Erreichbarkeit wirken sich auch die Höhe und das Anspruchsniveau von Zielen auf die Motivation aus. Die *Zielsetzungstheorie* geht davon aus, dass sich allein durch die Setzung von spezifischen, am besten leicht erhöhten, d. h. herausfordernden Zielen auch die Motivation und damit die Anstrengungsbereitschaft erhöht (Kleinbeck & Schmidt, 1996; Vroom, 1964). Dieser Effekt wurde in einer Reihe von Studien belegt (Locke & Latham, 1984; 1990), die wiederholt gezeigt haben, dass sich Menschen mehr und effizienter anstrengen, wenn sie ein klares Ziel vor Augen haben als wenn man sie lediglich bittet, „ihr Bestes zu tun". Metaanalysen zur Wirksamkeit dieses Führungsansatzes belegen positive Effekte für die Produktivität (Rodgers & Hunter, 1991) und die Zufriedenheit (Neuman, Edwards & Raju, 1989). Im Vergleich zu anderen Konzepten gehört dieser Ansatz zu den wirksamsten Maßnahmen zur Leistungsverbesserung (Guzzo, Jette & Katzell, 1985).

Damit ist es die Aufgabe von Führungskräften, den Mitarbeitern zum einen *Nutzen und Bedeutung* des Ziels und den Weg, wie dieses Ziel erreicht werden kann, als kognitive Voraussetzung für die Motivation zu vermitteln, und zum anderen für ein angemessenes, d. h. *herausforderndes Anspruchsniveau* zu sorgen. Dabei ist individuell vorzugehen. Unterschiedliche individuelle Bedürfnisse, Werte und Ziele der Mitarbeiter (Karriere, Familie, Geld, Autonomie etc.) müssen hierzu erkannt und mit den organisationalen Zielen in Einklang gebracht werden.

Führung als Wegbereiter zur Erreichung von Zielen

Auch die Erwartungen werden von den Mitarbeitern unterschiedlich eingeschätzt. Individuelle Erfahrungen, Kompetenzen und Selbstwert können zu erheblichen Unterschieden bei der Einschätzung, ob die Erreichung eines Ziels möglich ist, führen. Es ist daher Aufgabe der Führungskraft im Gespräch mit dem Mitarbeiter, den individuellen Nutzen eines Zieles zu verdeutlichen, Wege und Strategien zur Zielerreichung aufzuzeigen, Hindernisse zu erkennen, diese auszuräumen oder hierfür Unterstützung anzubieten und im Handlungsverlauf Feedback zu geben. Bei unstrukturierten und komplexen Aufgaben kann es erforderlich sein, mehr Anleitung, Unterstützung und Feedback zu geben, als bei einfachen klar strukturierten Aufgaben. Dabei zeigt sich eine deutliche Überschneidung mit den bereits erwähnten situativen Ansätzen.

Gemeinsam ist den in diesem Kapitel vorgestellten Ansätzen, dass sich Führungskräfte vor allem den handlungssteuernden Kognitionen wie Ziele, Handlungspläne, Kontrollüberzeugungen (Attributionen) und Feedback zuwenden. Diese kognitiven Prozesse müssen zunächst verstanden und können dann beeinflusst werden. Aktuelle praktische Konzepte zur *Zielvereinbarung* wie *Management by Objectives* (MbO) und systematische *Leistungsbeurteilung*, die im Kapitel 4 ausführlicher vorgestellt werden, gehen u. a. auch auf diesen Ansatz zurück.

2.2 Führung von unten

Im Mittelpunkt der bisherigen Betrachtungen standen Merkmale und Verhalten der Führungskraft, worauf die Geführten in bestimmter Weise reagieren. Auch wenn vielfach betont wird, dass es sich bei Führung um einen Interaktionsprozess handelt, gibt es nur wenige Ansätze, die sich ausdrücklich für die Rolle und den Einfluss von Mitarbeitern interessieren. Dabei hat sich gezeigt, dass es durchaus von den Geführten abhängt, ob eine Führungskraft erfolgreich sein kann. Bereits bei der Frage, wer überhaupt in eine Führungsrolle gelangt, spielen die Geführten eine nicht unmaßgebliche Rolle.

Mitarbeiter haben konkrete Vorstellungen von Führung

2.2.1 Implizite Führungstheorien

Lord, Foti und DeVader (1984) identifizierten in zunächst führerlosen Situationen bestimmte Merkmale, die dazu führen, dass einer Person eher eine Führungsrolle zugebilligt und Einfluss gestattet wird (*emergence of leadership*): Zielgerichtetheit, Entschlossenheit, Intelligenz, Verantwortungsbewusstsein etc., sowie Alter, Geschlecht aber auch Körpergröße und Kleidung sind als Rang- und Statussymbole weitere wesentliche Informationsquellen. Lord, DeVader und Alliger (1986) haben in einer Metaanalyse Zusammenhänge zwischen den Persönlichkeitsmerkmalen Intelligenz, Maskulinität und Dominanz auf der einen und der Wahrnehmung als Führungskraft (leadership perception) auf der anderen Seite nachgewiesen.

Verantwortlich sind hierfür soziale Informationsverarbeitungsprozesse. Vor dem Hintergrund sozialer *Schemata* und *impliziter Führungstheorien* werden Personen, die dem Prototyp einer Führungskraft entsprechen, eher als Führungskraft wahrgenommen (Lord & Maher, 1991) als andere, die nicht über diese Merkmale verfügen.

Judge et al. (2002) berichten in einer aktuellen Metaanalyse positive durchschnittliche, gewichtete Korrelationen zwischen der Wahrscheinlichkeit, als Führungskraft wahrgenommen zu werden und den Persönlichkeitseigenschaften Extraversion, Offenheit, Verträglichkeit und Gewissenhaftigkeit der Führungskraft. Für Neurotizismus ist der Zusammenhang negativ. Werden unterschiedliche Settings verglichen (Wirtschaft, Militär, Studenten), zeigen sich die stärksten Zusammenhänge für studentische Stichproben. Judge et al. (2002) interpretieren diese Unterschiede als Hinweis auf die Wirksamkeit impliziter Theorien, die in eher unstrukturierten studentischen Settings, bei

Führungskräfte, die dem Bild ihrer Mitarbeiter entsprechen, haben bessere Chancen

denen wenig Vorkenntnisse und Erfahrungen über die einzuschätzenden Personen vorliegen, an Bedeutung für die Urteilsbildung gewinnen.

Die neuere Forschung hat gezeigt (van Knippenberg & van Knippenberg, 2005), dass es durchaus vom Kontext und der Aufgabe abhängt, welcher Führungstyp am ehesten den Erwartungen der Gruppenmitglieder in einer bestimmten Situation entspricht (*Prototypikalität*). Erfüllt eine Person diese Erwartungen, hat sie darüber hinaus größere Chancen, als Führungskraft akzeptiert zu werden, als eine Person, die nicht diesem Bild entspricht (vgl. auch Kapitel 2.1.1). Wer also eher dem Bild einer bestimmten Führungsrolle entspricht (z. B. als Vertriebsleiter „dynamisch, selbstbewusst, männlich, groß und gebräunt im gehobenen Businessoutfit“), wird weniger Zweifel und Unsicherheit hinsichtlich seiner Eignung erzeugen als andere, die in diesem speziellen Kontext deutlich davon abweichen. Ein weiterer Einflussfaktor ist die wahrgenommene Ähnlichkeit. Das bedeutet vor allem, dass Personen dazu neigen, andere zu bevorzugen (und damit auch potenzielle Führungskräfte), wenn sie Gemeinsamkeiten und Ähnlichkeiten mit sich selbst feststellen.

„Prototypen“ werden bevorzugt

Inwieweit individuelle Attributionen durch Gruppenprozesse beeinflusst werden, haben Pastor, Meindl und Mayo (2002) untersucht. Sie gehen mit ihrem „network effects model“ davon aus, dass Einstellungen und Bewertungen, die in einer Gruppe vorherrschen, als Kontextbedingung die individuellen Attributions- und Bewertungsmuster determinieren. Die Normen und Werte einer Gruppe hinsichtlich dessen, was von einer Führungskraft zu erwarten ist, beeinflusst auch die Urteile jedes einzelnen Gruppenmitglieds. Das geschieht umso mehr, je größer der Zusammenhalt (Kohäsion) in der Gruppe ist. Gruppen mit starkem Zusammenhalt sind sich damit auch hinsichtlich der Einschätzung von Führung einig.

Bereits Klein und House (1995) haben gezeigt, dass der Grad der Gruppenkohäsion (Anzahl gegenseitiger Nennungen der Gruppenmitglieder als Interaktionspartner) in Bezug auf freundschaftliche Beziehungen die Ähnlichkeit der Attribution charismatischer sowie transaktionaler Führung beeinflusst. In einer Längsschnittstudie konnte gezeigt werden, dass die Zusammenhänge erwartungsgemäß mit der Zeit sogar eher zunehmen. Ähnliche Einschätzungen der Teammitglieder bezüglich ihrer Führungskraft (Teamkonsens) gehen, wie neue Studien zeigen (Felfe & Heinitz, 2009) mit mehr Commitment, Leistung und Kundenzufriedenheit einher.

Implizite Führungstheorien sind international gültig

Im Rahmen des von House, Hanges, Jadvidan, Dorfman und Gupta (2004) initiierten internationalen *GLOBE* Forschungsprogramms (Global Leadership and Organizational Behavior Effectiveness Research Program) wurden Merkmale herausragender Führung (Eigenschaften, Verhaltensweisen, Fähigkeiten etc.) untersucht. Erfasst wurden fünf Basisdimensionen: 1. charismatische/wertbasierte Führung, 2. Teamorientierung, 3. humane Führung, 4. narzisstische Führung und 5. Autonomie. In den meisten europäischen Staaten – mit Ausnahme Frankreichs – wird herausragende Führung u. a. als inspirierend, visionär, partizipativ und nicht autoritär charakterisiert und die Integrität von Führungspersönlichkeiten betont.

Implizite Führungstheorien beziehen sich jedoch nicht nur auf die Eigenschaften von Führungskräften, sondern auch auf ihre Verhaltensstile. Bereits Eden und Leviathan (1975) wiesen auf die Bedeutung impliziter Führungstheorien bei der Einschätzung von Führungskräften hin. Sie fanden in einer Studie, in der die Führungskräfte einer fiktiven Organisation („Plant X") mit einer Variante des LBDQ eingeschätzt wurden, die erwartete Faktorenstruktur. Dass diese Struktur ohne Bezug zu real existierenden Führungskräften repliziert werden konnte, begründen die Autoren mit impliziten Führungstheorien.

Mitarbeiter sind wesentlich an der sozialen Konstruktion von Führung beteiligt

Die Bedeutung dieser Wahrnehmungs- und *Attributionsphänomene* liegt nicht nur in der Relativierung des scheinbar objektiven Verhaltens der Führungsperson durch die Subjektivität der Geführten, sondern vor allem darin, dass sie durch soziale Beeinflussungsprozesse im Sinne selbsterfüllender Prophezeiungen tatsächlich soziale Realitäten mitkonstruieren, z. B. indem sich Führungskräfte an den Erwartungen der Geführten orientieren.

2.2.2 Romantisierung von Führung

Erwartungen und implizite Führungstheorien können individueller Art sein, sind aber zu einem Großteil Rollenmuster und übergeordnete Kategorien, die als „Ur-Bilder" oder „Archetypen" gesellschaftlich und kulturell verankert und sozial vermittelt und gelernt sind. Als Beispiele sozial vermittelter Schablonen von Führungstypen nennt Neuberger (1995) den „Vater", den „Helden" und den „Heilsbringer". Der charismatische Führer findet am ehesten seine Entsprechung im Prototyp des „Heilsbringers".

In diese Richtung geht auch das „Romance of leadership" Konzept von Meindl, Ehrlich und Dukerich (1985). Einfluss und Kontrolle von Führungskräften werden demnach weit überschätzt! Meindl et al. (1985) konnten in mehreren Studien zeigen, dass unternehmerische Erfolge oder Misserfolge unverhältnismäßig stark mit dem *Einfluss von Führung* in Verbindung gebracht werden und alternative Erklärungen wie Marktgegebenheiten, Konjunkturentwicklung etc. wenig Gewicht haben. Bei der systematischen Analyse von Wirtschaftsartikeln des Wall Street Journals stellte sich heraus, dass in den Jahren, in denen Unternehmen besonders erfolgreich waren, in den Artikeln die Führung stärker betont wurde. Umgekehrt zeigte sich, dass das akademische Interesse an Führungsthemen besonders dann stieg,

Romantisierung von Führung: Einfluss und Bedeutung von Führung werden überschätzt

wenn die wirtschaftliche Lage eher schlecht war. Die Öffentlichkeit aber auch Mitarbeiter neigen demnach dazu, in einer diffusen Sehnsucht nach Einfachheit, Sinn und Sicherheit Führung romantisch zu verklären. Ein zentrales Problem besteht darin, dass unter Umständen wichtige Veränderungen und Konsequenzen in der Organisation ausbleiben, wenn einzig die Führungskraft für einen Misserfolg verantwortlich gemacht wird.

Romantisierung kann zu riskanten Entscheidungen führen

Neuere Studien konnten zeigen, dass Personen, die eher zur Romantisierung von Führung neigen, ihre Führungskräfte als charismatischer wahrnehmen (Schyns, Felfe & Blank, 2007) und dazu neigen, sich in Entscheidungssituationen vor allem an den Informationen über die beteiligten Führungskräfte zu orientieren und diesen mehr Einfluss zuzubilligen, während sie wichtige Kontextinformationen bei ihrem Urteil vernachlässigen (Felfe & Petersen, 2007). Das bedeutet ein nicht unerhebliches Risiko für unangemessene oder riskante Entscheidungen. Wichtige Marktchancen bleiben zum Beispiel ungenutzt, wenn die erforderlichen Investitionen, Projekte etc. trotz eines günstigen Umfeldes nicht angegangen werden, weil Bedenken hinsichtlich der Person der verantwortlichen Führungskraft bestehen. Umgekehrt werden offensichtliche Risiken und Probleme, die den Erfolg einer Investition oder eines Projekts gefährden können, vernachlässigt, wenn nur das Vertrauen in die verantwortliche Führungskraft groß genug ist. Die naive Vorstellung, dass erfolgreiche Führungskräfte auch in schwierigen oder „unmöglichen" Situationen „Wunder" vollbringen können, kann zu erheblichen Fehleinschätzungen und damit zu riskanten Fehlentscheidungen führen. Führungskräfte sollten sich daher ihrer eigenen Neigung zur Romantisierung und der Entscheidungstendenzen bewusst sein, um diese Risiken einzudämmen.

2.2.3 Selbstführung

Die Theorie der gruppenverteilten Führung („shared leadership") bzw. Selbstführung von Manz und Sims (1987) relativiert nicht nur die Bedeutung einer einzelnen Führungskraft, sondern geht noch einen Schritt weiter. Mit ihr wird postuliert, dass wesentliche Führungsaufgaben durch die Mitglieder der Gruppe selbst wahrgenommen werden können. Pearce (2004) unterscheidet zwischen klassischer („vertikaler") und geteilter („shared") Führung, bei der die Gruppenmitglieder selber Führungsaufgaben wahrnehmen. Sogenannte teilautonome Arbeitsgruppen sind konkrete Beispiele für Gruppen, die sich weitgehend selbst führen. Dabei können unterschiedliche Führungsfunktionen auf einzelne Gruppenmitglieder verteilt werden und darüber hinaus rotieren. Hierfür müssen die einzelnen Gruppenmitglieder sorgfältig qualifiziert werden. Diese eigenverantwortlichen Gruppen haben insbesondere in der Automobilindustrie große Bedeutung erlangt. Gruppen, die nicht zentral geführt werden sondern sich selbst steuern, sollten vor allem dann leistungsfähiger sein, wenn hohe Flexibilität und Effizienz gefordert sind. Außerdem steigt die Zufriedenheit der Gruppenmitglieder.

Es bedarf dann nur noch eines externen, zuständigen Koordinators oder Begleiters, der die Gruppe dahin entwickelt, dass diese sich selbst effizient führen kann, und der in besonderen Fällen, wie z. B. bei Konflikten, Unterstützung anbieten kann. Die Aufgabe des Koordinators besteht außerdem darin, die Grenzregulation der Gruppe (Schnittstellen zu anderen Gruppen) zu unterstützen und die Selbstregulation in der Gruppe zu fördern: „Leading workers to lead themselves". Ähnliche Konzepte sind unter anderen Bezeichnungen zu finden, z. B. moderative Führung (Steinle, Bruch & Heinen, 1997) oder Führungskraft als „Coach" (Bauer, 1995; Frey & Schmook, 1995).

Durch Selbststeuerung Qualifikation, Effizienz und Zufriedenheit steigern

2.3 Aktuelle Trends

Im folgenden Kapitel werden Entwicklungen der Führungsforschung vorgestellt, die dem „New Leadership Approach" zugeordnet werden können. Diese Ansätze können als Ausgangspunkt für aktuellere Arbeiten zu charismatischer und transformationaler Führung gelten. Gemeinsam ist diesen Ansätzen die Frage, wie es Führungskräften gelingt, Mitarbeiter und Organisationen so zu führen, dass herausragende Leistungen erzielt werden, mit denen steigende und vor allem veränderte Anforderungen erfolgreich bewältigt werden können.

Emotional ansprechendes Verhalten und Sinnstiftung durch inspirierende Visionen der Führenden werden dabei als wesentliche Aspekte herausgestellt. Verstärkt wird wieder der Persönlichkeit der Führungskraft Bedeutung beigemessen. Im Gegensatz zur älteren Tradition der eigenschaftstheoretischen Ansätze, die von einer herausragenden Persönlichkeit mit angeborenen Eigenschaften und Fähigkeiten ausgehen, wird nun aber die Lehr- und Lernbarkeit bzw. Entwicklungsfähigkeit von Führung aus einer verhaltenstheoretischen Perspektive betont.

2.3.1 New Leadership Approach: Stile und Typologien

Zaleznik (1977) hat vor dem Hintergrund der Frage, wie zunehmende Veränderungen erfolgreich bewältigt werden können, zwei unterschiedliche Typen von Führungskräften – *„Manager"* und *„Leader"* – unterschieden, die sich hinsichtlich ihrer Ziele, Einstellungen, Rollen und Handlungsstrategien unterscheiden. Während Manager eine eher unpersönliche, distanzierte Einstellung und Haltung zum Unternehmen und seinen Zielen behalten, bekannte Problemlösestrategien bevorzugen und in Kollegen und Mitarbeitern eher Funktionsträger sehen, arbeiten Leader mit Visionen. Sie begeistern sich und andere für neue Ideen, sind bereit, Risiken zu übernehmen und treiben Veränderungen voran. Dabei entwickeln sie eine emphatische Einstellung zu ihren Mitarbeitern.

Neues Leitbild: Führen statt Managen

Eine ähnliche Typologie findet sich auch bei Bennis und Nanus (1985). Unterschieden werden ebenfalls Manager und Leader. Manager konzentrieren sich demnach eher darauf, die „Dinge richtig zu tun“ und erinnern dabei an Typen wie „Technokraten“ und „Funktionäre“, während es den Leadern gelingt, die „richtigen Dinge zu tun“ (Tabelle 3). Dabei richten die „Leader“ die Aufmerksamkeit auf eine Vision und nutzen emotionale Ressourcen wie Werte und Hoffnungen (Bennis & Nanus, 1985, S. 92). Diese Typologie bietet durch die Abgrenzung gegenüber einer eher Status quo orientierten Führung einen Gegenentwurf einer veränderungsorientierten Führung. Viele Unternehmen seien in diesem Sinne *„overmanaged“* aber *„underled“*.

Etwas komplexer ist die Klassifikation von Führungstypen nach Margerison und Kakabadse (1984). Sie postulieren vier Führungstypen:

1. *Traditionalisten* sind Führungskräfte, die sich an den Erfordernissen und Maßstäben der Organisation orientieren und für Stabilität und Loyalität stehen.
2. *Visionäre* stehen den Traditionalisten diametral gegenüber. Sie orientieren sich unabhängig von anderen an eigenen Kriterien und Maßstäben und streben umfassende Veränderungen an.
3. *Team Coaches* agieren vor allem informell und nutzen persönliche Beziehungen.
4. *Company Barons* agieren eher opportunistisch und statusbewusst. Dabei sind ihre Handlungsstrategien als Generalisten eher komplex und ganzheitlich.

Tabelle 3:
Charakteristika heutiger und zukünftiger Führungskräfte

	Charakteristika heutiger Manager	Charakteristika zukünftiger Leader
Rolle	Funktionär „guter“ Soldat, Kopie	Visionär Persönlichkeit, Original
Prioritäten	Die Dinge richtig machen Fragt „Wie“	Die richtigen Dinge machen Fragt „Warum“
Perspektive	Kurzfristig Augen auf Bilanzen gerichtet	Langfristig Blick auf den Horizont
Zentrale Aufgaben	Administration Fortsetzung, Kontinuität	Innovation Entwicklung, Veränderung

Insgesamt machen diese Ansätze deutlich, dass den veränderten Anforderungen mit einem neuen Rollenverständnis zu begegnen ist. Während sich Manager am Bestehenden orientieren, verfügen die „Leader" über das erforderliche Innovationspotenzial. Wichtige Voraussetzungen für „Leadership" liegen in der Persönlichkeit dieser Führungskräfte. Dazu gehören u. a. unabhängiges Denken, die Entwicklung langfristiger Visionen und die Bereitschaft zur Veränderung.

2.3.2 Charisma und transformationale Führung

Seit Mitte der 80er Jahre werden in der Führungsforschung verstärkt Ansätze der charismatischen bzw. transformationalen Führung diskutiert und untersucht (Bass, 1985; Conger & Kanungo, 1988; House, 1977). Die Popularität und das wachsende Interesse an diesen Ansätzen sind damit zu erklären, dass es transformationalen bzw. charismatischen Führungskräften in besonderem Maße gelingen soll, ihre Mitarbeiter zu motivieren. Sie üben dadurch Einfluss aus, dass sie attraktive Visionen vermitteln, überzeugend kommunizieren, wie Ziele gemeinsam erreicht werden können, selber als Vorbild wahrgenommen werden und die Entwicklung der Mitarbeiter unterstützen. Dabei werden vor allem die Werte und Motive der Geführten beeinflusst (Bass, 1985). An die Stelle kurzfristiger, egoistischer Ziele treten langfristige, übergeordnete Werte und Ideale. Das Selbstkonzept wird stabilisiert, so dass Selbstvertrauen und Einsatzbereitschaft der Mitarbeiter steigen (Shamir, House & Arthur, 1993). Transformationale Führung geht damit über bisherige transaktionale Führung hinaus, die im Wesentlichen auf Belohnung und Bestrafung sowie faire Austauschprozesse setzt.

Einfluss durch überzeugende Vision, persönliche Glaubwürdigkeit und Veränderung von Werten

Bei der Frage, welche Merkmale und Verhaltensweisen transformationale Führung ausmachen, weisen die einschlägigen Konzepte weitgehende Übereinstimmung auf und lassen sich den von Bass (1985) als die „vier I's" eingeführten Dimensionen zuordnen:

Unterscheidung transaktionaler und transformationaler Führung

1. *Idealized Influence* (Einfluss durch Vorbildlichkeit und Glaubwürdigkeit): Hiermit ist die besondere fachliche und moralische Vorbildfunktion von Führungskräften angesprochen, durch die die Mitarbeiter diesen Vorgesetzten Respekt und Vertrauen entgegenbringen.
2. *Inspirational Motivation* (Motivation durch begeisternde Visionen): Führungskräfte begeistern mit attraktiven und überzeugenden Visionen und wecken gleichzeitig Hoffnung und Zuversicht, dass die Erwartungen erfüllt werden können.
3. *Intellectual Stimulation* (Anregung und Förderung von kreativem und unabhängigem Denken): Führungskräfte regen ihre Mitarbeiter zu innovativem Denken an, indem sie bisherige Vorgehensweisen immer wieder hinterfragen und die Mitarbeiter dazu ermutigen, neue Lösungen zu erproben.

4. *Individualized Consideration* (individuelle Unterstützung und Förderung): Führungskräfte verstehen sich als Coach ihrer Mitarbeiter, erkennen deren persönliche Bedürfnisse nach Leistung und Entwicklung und fördern sie systematisch.

In ähnlicher Weise charakterisieren Conger und Kanungo (1988) charismatische Führung. Sie heben zusätzlich die persönliche Risikobereitschaft bzw. hohe Leistungserwartungen hervor. Es wird davon ausgegangen, dass diese Faktoren ihre Wirkung nicht einzeln, sondern zusammen entwickeln.

Transformationale Führung als Erfolgsfaktor fördern und entwickeln

Der Zusammenhang zwischen transformationaler Führung und unterschiedlichen subjektiven wie objektiven *Erfolgskriterien* konnte in zahlreichen korrelativen und experimentellen Studien nachgewiesen werden (Felfe, 2006b). Aktuelle Metaanalysen bestätigen diese Befundlage weitgehend (Antonakis, Avolio & Sivasubramaniam, 2003; Judge & Piccolo, 2004). Besondere Aufmerksamkeit verdienen Studien, bei denen objektive Erfolgskriterien einbezogen wurden. So konnten mehrfach bedeutsame Beiträge transformationaler Führung für den Verkaufserfolg bei Mitarbeitern von Finanzdienstleistern nachgewiesen werden (Geyer & Steyrer, 1994; Howell & Hall-Merenda, 1999; MacKenzie, Podsakoff & Rich, 2001). Tatsächlich fanden sich auch auf Unternehmensebene substantielle Zusammenhänge zwischen dem transformationalen Führungsverhalten des CEO und der wirtschaftlichen Entwicklung des Unternehmens (Waldman, Javidan & Varella, 2004; Waldman, Ramirez, House & Puranam, 2001) und dem Absentismus im Unternehmen (Zhu, Chew & Spangler, 2005). Die bislang vorliegenden Ergebnisse lassen insgesamt den Schluss zu, dass von einem positiven Einfluss von transformationaler Führung auf subjektive (Zufriedenheit, Commitment, OCB) und objektive Kriterien (Verkaufszahlen) sowie Kundenzufriedenheit (Felfe & Heinitz, 2009) ausgegangen werden kann. Transformationales Führungsverhalten kann damit als wichtiger Erfolgsfaktor betrachtet werden. Dem sollte bei der Auswahl und bei der Entwicklung von Führungskräften durch Training und Coaching Rechnung getragen werden.

Immer wieder mit den Risiken des Machtmissbrauchs charismatischer Führung konfrontiert, hat sich in den letzten Jahren die Forderung etabliert, transformationale und charismatische Führung an *ethischen Standards* zu orientieren (Bass & Steidlmeier, 1999; Kanungo, 2001). Führung, die nicht an übergeordneten, ethischen Prinzipien orientiert ist, sondern durch egoistische Interessen der Führungskraft bestimmt ist, wird als „personalisiertes Charisma“ im Gegensatz zu „sozialisiertem Charisma“ (House & Howell, 1992; Howell & Shamir, 2005) bzw. als *„pseudotransformational“* (Bass, 1998) bezeichnet. Allerdings hat Price (2003) sehr deutlich auf die grundsätzlichen Schwierigkeiten einer moralischen Fundierung transformationaler Führung aber auch von Führung insgesamt hingewiesen.

Jüngere Studien haben daher verstärkt untersucht, wie die Zusammenhänge zwischen transformationaler Führung und unterschiedlichen Erfolgskriterien erklärt werden können. So konnte zum Beispiel gezeigt werden, dass der Zusammenhang zwischen transformationaler Führung und Commitment durch die Entwicklung von Autonomie, Kompetenz und Einfluss der Mitarbeiter (Empowerment), durch die Förderung der Identifikation der Mitarbeiter mit ihren Zielen (Self-concordance), durch individuelle Sympathie („liking") und höhere Kohäsion in der Gruppe sowie durch kollektive Selbstwirksamkeit verursacht wird. Die Beziehung zwischen transformationaler Führung und OCB wird vor allem durch Vertrauen und verminderte Rollenambiguität, wahrgenommene Gerechtigkeit, eine positivere Wahrnehmung des Arbeitsinhalts sowie zum Teil durch ein positives Arbeitsklima vermittelt. Der Glauben an einen höheren Sinn oder Zweck der eigenen Arbeit (higher purpose) erklärt den positiven Effekt transformationaler Führung auf Zufriedenheit und Anstrengung. Flow vermittelt unter bestimmten Bedingungen den Zusammenhang zwischen Führung und Kreativität. Offenbar kann der Einfluss transformationaler Führung u. a. durch die Erhöhung von Selbstwirksamkeit, Identifikation und Sinn erklärt werden (Felfe, 2006a).

Transformationale Führung wirkt durch die Erhöhung von Empowerment und Identifikation

Es finden sich in der Literatur zahlreiche Überlegungen, dass die Entstehung und Wirkung transformationaler Führung vor allem in *komplexen und unsicheren Kontexten* begünstigt wird (Bass, 1999; Hinkin & Tracey, 1999). Shamir, House und Arthur (1993) benennen folgende Kontextvariablen, die die Effektivität charismatischer Führung unterstützen:

Nutzen transformationaler Führung vor allem in komplexen und unsicheren Kontexten

a) Möglichkeit für moralisches Handeln,
b) abstrakte Ziele,
c) unsichere Ergebnisse,
d) Unstrukturiertheit des Kontexts und
e) Notwendigkeit zu besonderer Anstrengung.

Hierzu zählen auch Gründungsphasen und Veränderungen in Unternehmen (Shamir & Howell, 1999). Wenn das Umfeld als unsicher eingeschätzt wurde, zeigte sich ein höherer Zusammenhang zwischen Charisma und den jeweiligen Erfolgsindikatoren. Entsprechend werden Führungskräfte in etablierten Firmen als weniger transformational eingeschätzt als in Gründungsunternehmen. Aktuelle Ergebnisse aus Untersuchungen mit deutschen Stichproben weisen in die gleiche Richtung. Während in großen, öffentlichen und etablierten Organisationen das Ausmaß und der Einfluss transformationaler Führung gering ist, werden Führungskräfte in kleinen, privaten und jungen Unternehmen als wesentlich transformationaler eingeschätzt und ihr Einfluss auf z. B. Commitment ist deutlich stärker ausgeprägt (Felfe, 2005). Möglichweise müssen aber zusätzlich zur Unsicherheit des Kontexts Hierarchieeffekte und damit verbundene Kompetenzunterschiede und Einflussmöglichkeiten berücksichtigt werden. Geschäftsführer oder Führungskräfte auf höheren Ebenen haben durch ihre Kompetenzen u. U. eher die Möglichkeit, transformational zu führen. Hier ist möglicherweise der Entscheidungs- und Kompetenzunterschied von Bedeutung (Felfe, 2005, S. 188). Bei der Forderung nach einer stärker transformationalen Führung sollte daher der Kontext berücksichtigt werden. Wenn weder die Notwendigkeit noch Möglichkeiten der Veränderung bestehen, sind die Potenziale transformationaler Führung begrenzt.

Obwohl das Konzept der transformationalen Führung beansprucht, verhaltensnah und pragmatisch zu sein, ist das Interesse an der *Persönlichkeit* der Führungskraft wieder stärker in den Fokus der Aufmerksamkeit gerückt. Vergleicht man die zahlreichen Untersuchungen, ergibt sich übereinstimmend, dass transformationale Führungskräfte als selbstbewusst, extravertiert, emotional stabil, offen, proaktiv sowie sozial kompetent charakterisiert werden (Crant & Bateman, 2000; Church & Waclawski, 1998; Lim & Ployhart, 2004; Ployhart, Lim & Chan, 2001; Silverthorne, 2001). In aktuellen Beiträgen wird auch auf die Rolle der emotionalen Intelligenz als wesentliches Merkmal transformationaler Führungskräfte hingewiesen (Ashkanasy & Tse, 2000; George, 2000). In einer aktuellen Metaanalyse fanden Bono und Judge (2004) vor allem konsistente Zusammenhänge für Extraversion (positiv) und Neurotizismus (negativ). Hier ergeben sich wiederum Ansatzpunkte für die Auswahl von Führungskräften.

Auch wenn in den meisten Studien ein führerzentrierter Ansatz vorherrschend ist, gibt es mittlerweile auch hier deutliche Forderungen, die *Perspektive der Geführten* bzw. die Interaktion stärker zu berücksichtigen (Klein & House, 1995). Bereits Weber (1922) verwies auf den Umstand, dass Charisma von der Wahrnehmung der Geführten abhängt. Bislang ist unklar, welche Merkmale der Mitarbeiter die Attribution und Akzeptanz transformationaler und charismatischer Führung beeinflussen (Klein & House, 1995).

Haben vor allem unsichere Mitarbeiter ein Bedürfnis nach transformationaler Führung?

Zur Frage, welche Mitarbeiter transformationale Führung bevorzugen und welche sie eher ablehnen, unterscheiden Klein und House (1995) eine Ähnlichkeits- und eine Komplementaritätshypothese. Die Komplementaritätshypothese besagt, dass sich eher unsichere Mitarbeiter mit geringem Selbstwert an transformationalen Führungskräften orientieren, um ihre eigenen Defizite zu kompensieren. Umgekehrt neigen selbstbewusste und unabhängige Mitarbeiter weniger dazu, Führungskräfte als charismatisch einzuschätzen und lehnen deren Führungsanspruch auch eher ab. Die Ähnlichkeitshypothese besagt hingegen, dass Mitarbeiter ihre eigenen Merkmale (Werte, Eigenschaften, Verhalten etc.) stärker bei anderen wahrnehmen und den Führungskräften den Vorzug geben, denen sie sich ähnlich glauben. Ursächlich hierfür sind zum einen Zusammenhänge zwischen Ähnlichkeit und Attraktivität und zum anderen die Möglichkeit, das eigene Selbstkonzept zu bestätigen.

Tatsächlich wird die Ähnlichkeitshypothese für Mitarbeiter und Führungskräfte durch zahlreiche empirische Befunde gestützt, die zeigen, dass Mitarbeiter, die über Merkmale verfügen, die für Führungskräfte im Allgemeinen (Judge, Bono, Ilies & Gerhardt, 2002; Silverthorne, 2001) und transformationale Führungskräfte im Besonderen (Bono & Judge, 2004) charakteristisch sind, transformationale Führung verstärkt wahrnehmen und sie positiver beurteilen. Entsprechende Zusammenhänge konnten für das Bedürfnis nach Unabhängigkeit, Leistungsorientierung und Selbstbewusstsein sowie Extraversion belegt werden. Die Befunde einer aktuellen experimentellen Studie von Felfe und Schyns (2006) bestätigen den Einfluss von Extraversion und zeigen darüber hinaus, dass sowohl Situationsmerkmale, d. h. tatsächliche Unterschiede in der Führung, als auch Merkmale der Mitarbeiter die Wahrnehmungsunterschiede erklären. Diese Befundlage ließ sich in weiteren Studien replizieren und im Sinne der Ähnlichkeitsannahme erweitern, indem weitere Merkmale der Mitarbeiter (z. B. Intelligenz) einbezogen wurden und die erlebte Ähnlichkeit direkt erhoben wurde (Felfe & Heinitz, 2008; Felfe & Schyns, in press).

Annahmen bzw. Einwände, dass insbesondere unsichere und abhängige Mitarbeiter eine Affinität zu transformationalen Führungskräften aufweisen, oder dass transformationale Führung lediglich als eine soziale Konstruktion der Mitarbeiter zu verstehen ist, können daher als widerlegt betrachtet werden! Weiterhin gibt es keine Belege dafür, dass transformationale Führung die Abhängigkeit von Mitarbeitern fördert. Vielmehr gibt es Belege, die das Gegenteil zeigen. Transformationale Führung wirkt sich positiv auf die Selbstwirksamkeit aus und trägt insgesamt zum Empowerment der Mitarbeiter bei. Wie der bisherige Überblick zeigt, nimmt das Konzept der transformationalen Führung in der aktuellen Führungsforschung eine zentrale Rolle ein und wird auch die künftige Forschung noch nachhaltig beeinflussen. Vor allem für die Auswahl und die Entwicklung von Führungskräften birgt dieser Ansatz noch erhebliches Potenzial.

2.3.3 Leader-Member-Exchange (LMX)

Die Unterschiedlichkeit der Beziehungen einer Führungskraft zu verschiedenen Mitarbeitern steht im Zentrum des Leader-Member-Exchange Ansatzes. Behandeln Führungskräfte ihre Mitarbeiter alle gleich oder gibt es hier Unterschiede? Die bisherigen Ansätze gingen davon aus, dass die Mitarbeiter einer Führungskraft im Wesentlichen die gleiche Führung erleben. Unterschiede bei der Einschätzung der Führungskraft zwischen Mitarbeitern wurden mit unsystematischen subjektiven Wahrnehmungs- und Bewertungsfehlern erklärt. Ist es aber nicht viel sinnvoller, davon auszugehen, dass verschiedene Mitarbeiter tatsächlich unterschiedlich geführt werden?

Führungskräfte haben unterschiedliche Beziehungen zu ihren Mitarbeitern

Den unterschiedlichen Qualitäten der Beziehungen zwischen einer Führungskraft und verschiedenen Mitarbeiter wird daher im LMX-Ansatz besondere Aufmerksamkeit gewidmet (Graen & Uhl-Bien, 1995). Unterschiede gibt es zum Beispiel hinsichtlich der Frage, wieviel Handlungs- und Entscheidungsspielraum (negotiating latitude) der Vorgesetzte dem jeweiligen Mitarbeiter einräumt. Die Beziehungen unterscheiden sich auch hinsichtlich des Vertrauens, der Verantwortungsdelegation und Partizipation sowie der Kommunikationshäufigkeit.

Die Qualität der Beziehung lässt sich insgesamt durch folgende Dimensionen charakterisieren: Vertrauen, Verpflichtung, Respekt, Loyalität und Emotion (Graen & Uhl-Bien, 1995). Mitarbeiter, zu denen Vorgesetzte eher eine Vertrauensbeziehung unterhalten, werden als Vertrauenskader (trusted cadre) oder in-group bezeichnet. Ist die Beziehung weniger vertrauensvoll, sind Mitarbeiter der äußeren Gruppe zuzuordnen (out-group oder hired hands). Mit Hilfe des LMX-Ansatzes wird das Augenmerk darauf gerichtet, wie homogen bzw. heterogen das Führungsklima in einem Bereich ist. Angestrebt werden sollte eine qualitativ hochwertige Partnerschaft zu allen Mitarbeitern.

Zur Messung der Beziehungsqualität werden Vorgesetzte und Mitarbeiter befragt (Schyns & v. Collani, 2002). Insgesamt zeigen sich hohe Zusammenhänge zwischen der Beziehungsqualität auf der einen und Arbeitszufriedenheit, Zufriedenheit mit der Führungskraft, zum organisationalen Commitment und zur Leistung auf der anderen Seite (Gerstner & Day, 1997).

2.3.4 Ethische und authentische Führung

Angesichts steigender Managergehälter und einer Zunahme von Korruptionsaffären, Insidergeschäften, Fehlspekulationen, Unternehmensakquisitionen und Verkäufe, mit denen zum Teil leichtfertig Arbeitsplätze gefährdet werden und nicht zuletzt durch die Finanzkrise aufgrund fauler Immobilienkredite, wird das Verhalten von Managern und Führungskräften immer häufiger kritisch diskutiert. Weitreichende Aspekte von Ethik, Moral und Werten von Führung werden zunehmend thematisiert. Grundsätzlich lassen sich in der Führungsforschung mehrere Blickwinkel unterscheiden.

Eine vergleichsweise intensive Auseinandersetzung mit ethischen Fragen findet man wie bereits dargestellt im Rahmen charismatischer bzw. transformationaler Ansätze. Die moralische Integrität der Führungskraft, ihr wertebasiertes Handeln und, damit verbunden, eine hohe ethische Verpflichtung sind wesentliche Merkmale dieser Führungsansätze. Auf die Abgrenzung gegenüber pseudotransformationaler Führung, die diesen Ansprüchen nicht gerecht wird, wurde bereits hingewiesen. Howell und Avolio (1992) trafen in Analogie zum personalisierten und sozialisierten Machtstreben die Un-

Tabelle 4:
Ethische Grundlagen transformationaler und transaktionaler Führung (Kanungo, 2001)

	Transaktional (teleologisch)	Transformational (deontologisch)
Motiv/Norm	individueller Nutzen, Reziprozität	moralische Prinzipien: Altruismus, soziale Verantwortung
Selbstkonzept	„individualistisch“, ich-zentriert	„kollektivistisch“
Rechtsnormen	Schutz individueller Rechte	Erhöhung sozialer Verantwortung
Beziehung zu anderen	unabhängig, isoliert	abhängig, verbunden
Ziele	pragmatisch	idealistisch
Perspektive	situativ, zweckmäßig	universell, allgemeine Prinzipien
Kriterien	ergebnisorientiert: Zweck heiligt Mittel	Prozessorientiert: Weg ist das Ziel
Einfluss	Kontrakte, fairer Austausch	Möglichkeit zu persönlichem Wachstum

terscheidung zwischen ethischen und unethischen charismatischen Führungskräften. Während die ethischen Führungskräfte ihre Macht in den Dienst der anderen stellen, nutzen die unethischen ihre Macht zur Durchsetzung persönlicher Ziele.

Auch Kanungo (2001, 2002) unterscheidet die ethisch-moralischen Grundlagen transformationaler und transaktionaler Führungskräfte. In seinem hierzu aufgestellten Rahmenmodell ethischen Führungsverhaltens differenziert er zwischen Motiven, Werten, Verhaltensweisen und Strategien und Grundhaltungen gegenüber der Umwelt. Dabei postuliert er als Grundlage transformationaler Führung eine deontologische Perspektive, während er die moralische Perspektive transaktionaler Führung als teleologisch bezeichnet. Tabelle 4 zeigt die beiden unterschiedlichen Perspektiven in einer Übersicht.

Brown, Trevino und Harrison (2005) haben eine Skala zur Messung *ethischer Führung* entwickelt. Dabei wird danach gefragt, ob

- Führungskräfte mit ihren Mitarbeitern über ethische Fragen im Unternehmen diskutieren,
- über die Richtigkeit ihres Handelns nachdenken und
- konsequent gegen Mitarbeiter vorgehen, die ethische Standards verletzen,
- oder dieses Verhalten durch Wegschauen dulden.

Ethische Führung legitimiert ihr Handeln und setzt ethische Standards aktiv durch

Ethische Führungskräfte akzeptieren nicht, dass der „Zweck alle Mittel heiligt" und damit auch unethisches Handeln akzeptiert werden kann. Thematisiert wird auch, ob die Führungskraft selbst im Berufs- wie auch in ihrem Privatleben als moralisch einwandfrei betrachtet werden kann. Zwar liefert dieser Ansatz wenig Anhaltspunkte für die ethische Bewertung konkreten Verhaltens, aber es wird immerhin eine ethische Legitimation und eine Auseinandersetzung mit ethischen Fragen im Führungsalltag gefordert.

Die Untersuchungen zeigten, dass ethische Führung nicht nur mit einer höheren Zufriedenheit der Mitarbeiter und wahrgenommener Effektivität zusammenhängt, sondern auch, dass die Mitarbeiter eher bereit waren, offen Probleme anzusprechen. Eine weitere Forschungsrichtung hat sich ausdrücklich dem Phänomen *negativer Führung* zugewandt. Dabei geht es im weitesten Sinne um sozial inakzeptable und moralisch verwerfliche Verhaltensweisen wie z. B. Machtmissbrauch, Unterdrückung, Mobbing, Engstirnigkeit, Tyrannei durch die Führungskraft.

Basierend auf den Entwicklungen im Bereich ethischer und transformationaler Führung und vor dem Hintergrund eines Vertrauensverlustes in Führung vor allem im Bereich des Top Managements hat sich in letzter Zeit das Konzept der *authentischen Führung* (authentic leadership) als weiterer Versuch, ein Modell für ehrliche, verantwortungsbewusste und aufrichtige Führung anzubieten, etabliert. Walumbwa, Avolio, Gardner, Wersing und Peterson (2008) definieren authentische Führung als Verhaltensmuster, das eine positive psychologische Entwicklung von Führungskraft und Mitarbeiter sowie ein positives ethisches Klima unterstützt. Kernelemente sind unter anderem Integrität, Verantwortungsbewusstsein, persönliche Vorbildfunktion und Verlässlichkeit. Auf der Verhaltensebene werden vier Dimensionen unterschieden:

1. *Selbstkenntnis (Self-awareness):* Hiermit ist gemeint, dass sich Führungskräfte aktiv mit ihrem Weltbild und ihren Werten auseinandersetzen und deren Bedeutung für ihr Handeln verstehen. Außerdem sind sie in der Lage, ihr Wertesystem kritisch zu reflektieren. Sie sind ihrer Rolle und ihrer Stärken und Schwächen im Umgang mit anderen bewusst und kennen ihre Wirkung auf andere.
2. *Offenheit (Relational transparency):* Offenheit und Ehrlichkeit im Umgang mit anderen bedeutet, die eigenen Ansichten und Absichten offen zu legen sowie Informationen bereitwillig zu teilen, um auf diese Weise Vertrauen zu erzeugen. Hierzu gehört auch, dass eigene Fehler offen eingestanden werden.
3. *Ausgewogenheit (Balanced processing of information):* Bei Entscheidungen werden alle relevanten Aspekte unvoreingenommen berücksichtigt, auch wenn sie vielleicht die eigene bisherige Position in Frage stellen oder die eigenen Interessen gefährden.

4. *Glaubwürdigkeit (internalized regulation & authentic behavior):* Glaubwürdigkeit entsteht durch die Übereinstimmung von Worten und Taten. Daher ist es wichtig, eigenen Überzeugungen und Werten vor allem auch dann treu zu bleiben, wenn von Seiten der Organisation oder von Vorgesetzten versucht wird, gegenteiligen Einfluss auszuüben oder gar Druck aufzubauen. Authentizität bedeutet, in diesen Situationen nicht gegen die eigenen Prinzipien zu verstoßen.

Bemerkenswert ist, dass diese Ansätze nicht nur an Effizienz- und Leistungskriterien orientiert sind, sondern den Versuch darstellen, Führungshandeln in ein übergeordnetes Wertesystem einzubinden. Sie liefern konkrete Ansatzpunkte für die Ausrichtung und Entwicklung einer Führungskultur, die durch ein weitgehendes Verantwortungsbewusstsein und persönliche Glaubwürdigkeit charakterisiert ist.

3 Analyse und Maßnahmeempfehlung

3.1 Diagnose von Führung

3.1.1 Strategien: Mitarbeiterbefragungen und Vorgesetztenbeurteilung

Es stehen zahlreiche Strategien und Verfahren zur Verfügung, mit denen das Verhalten von Führungskräften und damit auch die „Führungskultur" in einer Organisation diagnostiziert werden kann. Grundsätzlich können Führungskräfte hinsichtlich ihres Führungsverhaltens durch ihre Mitarbeiter, den jeweils nächst höheren Vorgesetzten aber auch durch Kollegen auf gleicher Ebene eingeschätzt werden. Werden alle Perspektiven erhoben und zu einem integrierten Bild zusammengeführt, spricht man auch von einem *360 Grad Feedback* (Scherm & Sarges, 2002). Häufig werden diese unterschiedlichen Fremdurteile auch noch einer Selbsteinschätzung gegenübergestellt.

Führungskultur diagnostizieren und entwickeln

Am meisten verbreitet ist jedoch die Einschätzung der unmittelbaren Führungskraft durch ihre Mitarbeiter. Dabei werden sowohl Verhaltens- als auch Eigenschaftsaspekte der Führungskräfte aber auch deren Wirkung auf das Erleben und Verhalten der Mitarbeiter thematisiert. Es lassen sich zwei unterschiedliche Ebenen unterscheiden. Geht es um die Diagnose bzw. die Analyse der Führung im gesamten Unternehmen, steht weniger die einzelne Führungskraft, sondern die Führungskultur bzw. das Führungsklima in der Gesamtorganisation im Mittelpunkt des Interesses. In diesem Fall ist die Analyse des Führungsverhaltens als Teil einer umfassenden *Organisations-*

diagnostik zu betrachten. In *Mitarbeiterbefragungen* werden alle Mitglieder der Organisation zu unterschiedlichen Merkmalen der Organisation befragt. Hierzu zählen neben der Einschätzung der Führungskräfte die Beurteilung der Arbeitsbedingungen i. w. S., die Kommunikation und Kooperation, die Arbeitszufriedenheit, das Gesundheitserleben etc. Führung ist in diesem Fall eine Facette des organisationalen Kontextes, der in seiner Wirkung auf das Erleben (Zufriedenheit, Commitment, Stress) und Verhalten (Engagement, Leistung) der Mitarbeiter untersucht wird (Felfe & Liepmann, 2008). Für eine differenzierte Betrachtung ist es durchaus üblich, unterschiedliche Organisationsbereiche oder Hierarchieebenen getrennt zu betrachten. Allerdings geht es hier in der Regel nicht um das Verhalten einer einzelnen Führungskraft. Insbesondere größere Unternehmen führen mittlerweile systematische Mitarbeiterbefragungen in regelmäßigen Abständen durch.

Führung beurteilen und bewerten

Von dieser Analyse auf Organisations- bzw. Gruppenebene ist die Diagnose auf individueller Ebene zu unterscheiden. Hier steht die einzelne Führungskraft im Mittelpunkt. Aus den gemittelten einzelnen Einschätzungen der direkt unterstellten Mitarbeiter wird ein individuelles Profil erstellt, aus dem individuelle Stärken und Schwächen der jeweiligen Führungskraft ersichtlich werden. Meist ist diese Einschätzung Bestandteil des *Beurteilungssystems*, das zusätzlich zur üblichen Abwärtsbeurteilung (Führungskraft beurteilt Mitarbeiter) auch die *Aufwärtsbeurteilung* als umgekehrte Beurteilungsrichtung vorsieht (Mitarbeiter beurteilt Führungskraft). Damit wird zumindest zum Teil der Vorstellung eines 360 Grad Feedbacks (s. o.) entsprochen. In der Praxis wird diese Form der Aufwärtsbeurteilung häufig auch als *Führungsbarometer*, Führungsstilanalyse oder Führungs- bzw. Managementfeedback bezeichnet.

Beurteilungssysteme zeichnen sich dadurch aus, dass sie in der Regel für alle Mitarbeiter und Führungskräfte einer Organisation obligatorisch sind und in standardisierter Form in regelmäßigen Intervallen durchgeführt und ausgewertet werden. Die Diagnose individuellen Führungsverhaltens kann aber auch anlassbezogen im Zusammenhang von *Personalentwicklungsmaßnahmen* erfolgen. Hier sind es zum Beispiel *Führungstrainings* oder individuelle *Coachings*, die auf einer sorgfältigen Diagnose aufbauend individuelle Förder- und Entwicklungsmaßnahmen anbieten. Diese Diagnose kann auf unterschiedliche Weise erfolgen:

1. Selbsteinschätzung der Führungskraft hinsichtlich ihres Verhaltens,
2. Einschätzungen der Mitarbeiter (analog Aufwärtsbeurteilung) oder
3. Einschätzungen durch Experten in simulationsorientierten Verfahren.

Zu den simulationsorientierten Verfahren zählen z. B. die Führungsstilanalyse von Fennekels (1995) oder Assessment Center Verfahren. Bei diesen Förder-Assessments, die häufig für Führungsnachwuchskräfte eingesetzt werden, geht es nicht um die Auswahl von geeigneten Bewerbern (das klassische Einsatzgebiet von ACs), sondern um die Diagnose des Förder- und Entwicklungsbedarfs. Damit kommt einem detaillierten Feedback und der anschließenden Entwicklung individueller Fördermaßnahmen und -pläne eine besondere Rolle zu.

Es ist zu beachten, dass die Grenzziehung zwischen Analyse bzw. Diagnose und Maßnahmen bzw. Interventionen, die im folgenden Kapitel noch ausführlicher dargestellt werden, nicht immer genau vorgenommen werden kann. Grundsätzlich gilt, dass die Diagnose bereits einen ersten Interventionsschritt darstellt. Sowohl die Organisation als Ganzes (Organisationsdiagnostik) wie auch die einzelne Führungskraft (Individualdiagnose) wird für das Thema Führung sensibilisiert, wird sich des eigenen Verhaltens bewusst und mit dem Fremdbild durch die Mitarbeiterperspektive konfrontiert. Das kann bereits der Auslöser für Veränderungen des eigenen Führungsverhaltens sein.

3.1.2 Messinstrumente

Zur Diagnose bzw. Einschätzung des Führungsverhaltens werden üblicherweise standardisierte Fragebögen eingesetzt. Viele Unternehmen greifen hierbei auf eigene Entwicklungen zurück, die auf die organisationalen Bedürfnisse zugeschnitten sind. Häufig sind die Eigenentwicklungen aber auch an wissenschaftlich erprobte Instrumenten angelehnt. Einige dieser Instrumente werden im Folgenden kurz vorgestellt.

Aufgaben- und Mitarbeiterorientierung

Die Unterscheidung zwischen Aufgaben- und Mitarbeiterorientierung ist im Wesentlichen empirisch begründet und geht auf die faktorenanalytische Auswertung der Beschreibungen von über 1.790 Führungsepisoden und daraus abgeleiteter Einschätzungen (150 Items) hervor, die Mitarbeiter in zahlreichen Studien für ihre Führungskräfte vorgenommen haben (vgl. 2.1.2).

Instrumente zur systematischen Erfassung und Bewertung von Führungsverhalten

Der Leadership Behavior Description Questionnaire (LBDQ; Hemphill & Coons, 1957) sowie der *SBDQ* mit jeweils den beiden Dimensionen Consideration und Initiating of Structure (Fleishman, 1989) stellen reduzierte Itemsammlungen dar, mit denen die beiden Orientierungen erfasst werden können (Tabelle 5). Beide Instrumente sind sich weitgehend ähnlich. Der Leadership Behavior Description Questionnaire (LBDQ XII) von Stogdill (1963) stellt eine Erweiterung des LBDQ dar, mit dem 12 Führungsverhaltensdimensionen erfasst werden können:
- Repräsentation,
- Versöhnung,
- Unsicherheitstoleranz,

- Überzeugungskraft,
- Einführung von Struktur,
- Zugestehen von Handlungsfreiheit,
- Festhalten an Führerrolle,
- Praktische Besorgtheit,
- Betonung der Produktion,
- präzise Vorschau,
- Integration,
- Einfluss bei Vorgesetzten.

Dadurch wird ein vollständigeres Abbild von Führungsverhalten möglich. Allerdings überlappen sich die 12 Faktoren hinsichtlich der ursprünglichen Dimensionen Mitarbeiter- und Aufgabenorientierung. Der Fragebogen zur Vorgesetzten-Verhaltens-Beschreibung (FVVB) wurde von Fittkau und Fittkau-Garthe (1971) als deutsche Version des LBDQ mit zunächst 4 Faktoren entwickelt (s. Tabelle 5):
1. freundliche Zuwendung und Respekt,
2. mitreißende und stimulierende Aktivität,
3. Mitbestimmung und Beteiligung und
4. Kontrolle – Laissez-faire.

Wie nachfolgende Analysen von Nachreiner (1978) und Allerbeck (1977) gezeigt haben, lassen sich die Faktoren 1 und 3 der Dimension Mitarbeiterorientierung und die Faktoren 2 und 4 der Dimension Aufgabenorientierung zuordnen, so dass am Ende nur zwei Faktoren empirisch unterscheidbar sind.

Tabelle 5:
Beispielitems zur Messung von Mitarbeiter- und Aufgabenorientierung

LBDQ: Leadership Behavior Description Questionnaire (Hemphill & Coons, 1957)	**FVVB: Fragebogen zur Vorgesetzten-Verhaltens-Beschreibung** (Fittkau & Fittkau-Garthe, 1971)
Consideration („C") – Bemüht sich um gutes Verhältnis zu Mitarbeitern. – Setzt sich für die Mitarbeiter ein. – Mitarbeiter können unbefangen mit ihm reden. – Unterstützt seine Mitarbeiter. **Initiation of structure („IS")** – Tadelt mangelhafte Arbeit. – Besteht auf Informationen über Mitarbeiter. – Legt Wert auf Arbeitsmenge. – Arbeiten müssen nach festen Richtlinien erledigt werden.	**Freundliche Zuwendung** – Ist freundlich und man hat leicht Zugang zu ihm. **Mitbestimmung und Beteiligung** – Bei wichtigen Entscheidungen holt er erst die Zustimmung der unterstellten Mitarbeiter ein. **Mitreißende Aktivität** – Reißt durch seine Aktivität seine unterstellten Mitarbeiter mit. **Kontrolle – Laissez-faire** – Legt Wert darauf, dass Termine genau eingehalten werden.

Transformationale und transaktionale Führung

Die wohl erste Fragebogenentwicklung zur Messung transformationaler Führung (s. Kapitel 2.3.2) geht auf Bass (1985) zurück. Der Multifactor Leadership Questionnaire (MLQ), ist in den folgenden Jahren permanent weiterentwickelt und in zahlreiche Sprachen übersetzt worden. Neben 5 Dimensionen zur Erfassung transformationaler Führung, werden mit dem MLQ zusätzlich 3 Dimensionen transaktionaler Führung eingeschätzt (s. Tabelle 6).

Eine aktuelle Version ist mittlerweile auch an umfangreichen deutschen Stichproben validiert worden (Felfe, 2006a). Darüber hinaus stehen parallele oder nachfolgende Verfahren zur Verfügung, die zum Teil weitgehende Überschneidungen mit dem MLQ aufweisen, wie z. B. die „C-K Scale of Charismatic Leadership" (Conger & Kanungo, 1994) und das „Transformational Leadership Behavior Inventory" (TLI; Podsakoff, MacKenzie, Moorman & Fetter, 1990; für einen Vergleich, s. Felfe, 2005). Darüber hinaus gibt es weitere Entwicklungen, die bislang weniger verbreitet sind.

Tabelle 6:
Beispielitems zur Messung transformationaler und transaktionaler Führung

Transformationale Führung	Transaktionale Führung
Einfluss durch Vorbildlichkeit und Glaubwürdigkeit – stellt die eigenen Interessen zurück, wenn es um das Wohl der Gruppe geht. – macht mich stolz darauf, mit ihr zu tun zu haben. **Motivation durch begeisternde Visionen** – äußert sich optimistisch über die Zukunft. – spricht mit Begeisterung über das, was erreicht werden soll. **Anregung und Förderung von kreativem und unabhängigem Denken** – schlägt neue Wege vor, wie Aufgaben/Aufträge bearbeitet werden können. – bringt mich dazu, Probleme aus verschiedenen Blickwinkeln zu betrachten. **Individuelle Unterstützung und Förderung** – erkennt meine individuellen Bedürfnisse, Fähigkeiten und Ziele. – hilft mir, meine Stärken auszubauen. **Ausstrahlung und emotionale Bindung** – vermag mich durch ihre Persönlichkeit zu beeindrucken und zu faszinieren. – ist für mich so wichtig, dass ich den Kontakt zu ihr suche/pflege.	**leistungsorientierte Belohnung** – zeigt Zufriedenheit, wenn andere die Erwartungen erfüllen – macht deutlich, wer für bestimmte Leistungen verantwortlich ist **Führung durch aktive Kontrolle** – kümmert sich in erster Linie um Fehler und Beschwerden **Führung durch Eingreifen im Ausnahmefall** – wartet bis etwas schief gegangen ist, bevor sie etwas unternimmt

Leader-Member-Exchange

Zur Messung der Beziehungsqualität zwischen Führungskraft und Mitarbeiter, die der *LMX-Ansatz* in den Mittelpunkt stellt (s. Kapitel 2.3.3), haben Schyns und v. Collani (2002) eine deutsche Version des LMX entwickelt und erprobt (Tabelle 7).

Tabelle 7:
Beispielitems zur Messung von LMX (Leader-Member-Exchange)

- Wissen Sie im Allgemeinen, wie Ihr Vorgesetzter Sie einschätzt?
- Wie gut versteht Ihr Vorgesetzter Ihre beruflichen Probleme und Bedürfnisse?
- Wie gut erkennt Ihr Vorgesetzter Ihre Entwicklungsmöglichkeiten?
- Wie groß ist die Wahrscheinlichkeit, dass Ihr Vorgesetzter Ihnen auf seine Kosten aus der Patsche hilft?
- Ich habe genügend Vertrauen in meinen Vorgesetzten, um seine Entscheidungen zu verteidigen.

Selbstführung

Auch zur Messung der Selbstführung (s. Kapitel 2.2.3) liegt mittlerweile ein deutschsprachiges Erhebungsinstrument vor (Andreßen & Konradt, 2007). Erfasst werden u. a. folgende Dimensionen: Eigene Zielsetzung, Selbstbelohnung, Selbstbeobachtung, Selbsterinnerung. In Tabelle 8 sind einige Beispielitems aufgeführt.

Tabelle 8:
Beispielitems zur Messung von Selbstführung

Eigene Zielsetzung
- Bevor ich eine Arbeitsaufgabe angehe, stelle ich mir vor, wie ich sie erfolgreich durchführe

Selbstbelohnung
- Wenn ich eine Arbeitsaufgabe erfolgreich abgeschlossen habe, belohne ich mich mit etwas, das mir Spaß macht

Selbstbestrafung
- Ich neige dazu, hart zu mir selbst zu sein, wenn ich eine Aufgabe nicht gut gemacht habe

Selbstbeobachtung
- Ich mache mir in Regel bewusst, wie gut ich gerade in meiner Arbeit bin

Selbsterinnerung
- Zur Erledigung meiner Aufgaben mache ich mir regelmäßig Pläne

Authentische Führung

Zur Messung authetische Führung (s. Kapitel 2.3.4) wurde der Authentic Leadership Questionnaire (ALQ) mit 16 Items entwickelt (Walumbwa et al., 2008). Erfasst werden folgende Dimensionen: Selbstkenntnis, Offenheit, Ausgewogenheit und Glaubwürdigkeit. In Tabelle 9 sind einige Beispielitems aufgeführt.

Tabelle 9:
Beispielitems zur Messung von authentischer Führung

Selbstkenntnis (Self-awareness)
– Sucht aktiv Feedback, um sein Verhalten mit anderen zu verbessern.
– Kann genau beschreiben, wie er/sie von anderen wahrgenommen wird
Glaubwürdigkeit (internalized regulation & authentic bahvior)
– Die Einstellungen stimmen mit dem Verhalten überein
– Entscheidungen sind in Einklang mit den Grundüberzeugungen
Offenheit (Relational transparency)
– Sagt offen und ehrlich was er/sie wirklich meint
– Gibt eigene Fehler offen zu.
Ausgewogenheit (Balanced processing of information)
– Bittet auch um Hinweise, die seiner/ihrer Ansicht widersprechen
– Hört sich unterschiedliche Standpunkte an, bevor er/sie entscheidet

360 Grad Feedback

Zur Durchführung von 360 Grad Feedbacks stehen z. B. das Multidirektionale Feedback (MDF-360) von Fennekels (2003) oder das Verfahren Pro Facts 360 Grad – Assessment von Etzel und Küppers (2002) zur Verfügung.

Entscheidungsverhalten

Auf die Möglichkeit, mit Hilfe von standardisierten Szenarien, individuelle Entscheidungspräferenzen und deren Angemessenheit zu diagnostizieren, wurde bereits hingewiesen (Kapitel 2.1.3). Die individuellen Entscheidungspräferenzen und deren Angemessenheit können mit dem LJI – Leadership Judgement Indicator von Lock und Wheeler (2005) diagnostiziert werden. Eine deutsche Version des LJI ist in Vorbereitung (Neubauer, Bergner & Felfe, in press).

3.2 Maßnahmen: Personalentwicklung bei Führungskräften

Mit welchen Maßnahmen können Führungskräfte entwickelt werden? Es wurde schon darauf hingewiesen, dass die Diagnose eine wichtige Voraussetzung für erfolgreiche Maßnahmen darstellt und darüber hinaus bereits als erster Interventionsschritt betrachtet werden kann. Die *Auswahl, Ausbildung, Entwicklung und Förderung* der eigenen Führungskräfte ist in den meisten größeren Unternehmen eine Aufgabe mit hohem Stellenwert, die meist durch die verantwortlichen Personalentwicklungsbereiche unter Hinzuziehung externer Berater und Trainer wahrgenommen wird.

Systematische Führungskräfteentwicklung

Insbesondere Führungsnachwuchskräfte sind in den seltensten Fällen auf ihre zukünftigen Führungsaufgaben im Sinne von Mitarbeiterführung vorbereitet. Ihr Hintergrund ist zumeist vor allem fachlicher Natur (z. B. Wirtschafts-, Ingenieur-, und Naturwissenschaften, Jura.), auch wenn durch die aktuellen Umstellungen der Studiengänge (Bachelor/Master) sogenannten überfachlichen und berufsqualifizierenden Qualifikationen zunehmend bereits im Studium mehr Bedeutung beigemessen wird. Hierzu zählen Teamfähigkeit, Kommunikation (soziale Kompetenzen i. w. S.) aber auch Projektmanagement, Arbeitstechniken etc., die wichtige Grundlagen für erfolgreiche Mitarbeiterführung darstellen.

In der Regel gilt aber noch nach wie vor, dass es insbesondere eine hohe fachliche Qualifikation ist, die junge Nachwuchskräfte für eine Führungsposition empfiehlt. Bereits an dieser Stelle lassen sich durch systematische Prozeduren der *Eignungsfeststellung und Personalauswahl* wichtige Weichenstellungen für die Entwicklung der Mitarbeiterführung in einer Organisation vornehmen.

So mag es nicht verwundern, dass sich viele junge Führungskräfte nur unzureichend auf ihre neuen Aufgaben in der Mitarbeiterführung vorbereitet fühlen und sich vor allem an ihren eigenen Führungskräften orientieren. Hier ist es die Aufgabe der Personalverantwortlichen, entsprechende *Weiterbildungs- und Qualifizierungsangebote* (Training, Coaching etc.) zur Verfügung zu stellen, um diesen Weiterbildungsbedarf zu decken.

Schließlich ist die Bewährung im Alltag ein wichtiges Indiz für erfolgreiche Führung. *Standardisierte Beurteilungssysteme* für Führungskräfte geben Hinweise auf individuelle Stärken und Schwächen und zeigen damit Entwicklungsbedarf auf. Das bereits vorgestellte Instrument der Aufwärtsbeurteilung nimmt hierbei eine zentrale Rolle ein.

3.2.1 Auswahl und Rekrutierung

Ausgangspunkt der Personalentwicklung ist die Ermittlung des quantitativen und qualitativen Personalbedarfs. Im vorliegenden Fall geht es um den Bedarf an Führungskräften. Welche *Aufgaben und Ziele* sollen von den aktuellen und zukünftigen Stelleninhabern erfüllt bzw. erreicht werden? An dieser Stelle wird nochmals deutlich, dass es eines Führungsleitbildes bedarf, um die Erwartungen an eine Führungskraft zu formulieren. Darüber hinaus kann auf normative Modelle der Führung zurückgegriffen werden, die hier eine gewisse Systematik liefern (Organisieren, Planen, Entscheiden, Kontrollieren, Motivieren etc.; vgl. Kapitel 1.1.2 und 1.1.3).

Vor diesem Hintergrund der Aufgaben und Ziele lassen sich im Sinne psychischer und qualifikatorischer Leistungsvoraussetzungen *Anforderungen* an die Personen ableiten, die zur erfolgreichen Bewältigung erforderlich sind. Bei der *Anforderungsanalyse* wird üblicherweise auf das Urteil betrieblicher Experten zurückgegriffen, die abschätzen, welche Kompetenzen zur Erledigung bestimmter Aufgaben bzw. zur Bewältigung erfolgsrelevanter Situationen wichtig sind. Grundsätzlich wird hier zwischen fachlichen (Wissen, Techniken), methodischen (Problemlösefähigkeit, Analysefähigkeit), personalen (Leistungsmotivation, Belastbarkeit) und sozialen Kompetenzen (Kommunikationsfähigkeit, Durchsetzungsvermögen) unterschieden, die im Vorfeld einer Neubesetzung diagnostiziert werden müssen, um die Eignung eines Kandidaten feststellen zu können.

Anforderungsanalyse als Grundlage der Diagnose

Inwieweit die Kandidaten die Anforderungen erfüllen, lässt sich vor allem dann nicht einfach prognostizieren, wenn sie in der Zielposition bislang noch nicht tätig waren. Dennoch stehen eine ganze Reihe erprobter Verfahren zur Verfügung, mit denen, meist kombiniert, zukünftiger Erfolg vorhergesagt werden kann (prognostische Validität). Diese Verfahren zielen auf die Persönlichkeit, die Biografie und konkretes Verhalten potenzieller Bewerber.

- *Persönlichkeit*

Mit kognitiven Leitungstests (z. B. Intelligenztest) oder Verfahren zur Messung von Persönlichkeitsmerkmalen (Eigenschaften) wird überprüft, inwieweit die kognitiven Fähigkeiten und die Eigenschaften einer Person zu den Anforderungen der Stelle passen. Im Zuge der Vorstellung der eigenschaftstheoretischen Ansätze (Kapitel 2.1.1) wurde bereits darauf hingewiesen, dass es bedeutsame Zusammenhänge zwischen Intelligenz, Leistungsmotivation und Führungserfolg gibt. Gelingt es daher Personen auszuwählen, die über diese Voraussetzungen verfügen, steigt die Wahrscheinlichkeit einer erfolgreichen Besetzung.

- *Biografie*

Der biografische Ansatz geht vereinfacht davon aus, dass vergangene Leistungen, Entscheidungen und Erfahrungen einen guten Vorhersagewert für zukünftiges Verhalten darstellen. Mit biografischen Interviews und Fragetechniken wird versucht aufzudecken, in welchem Umfang bislang Erfahrungen gesammelt wurden und wie diese Erfahrungen verarbeitet wurden (Reflexion). So wird davon ausgegangen, dass jemand der unterschiedliche Erfahrungen mit der Leitung von anderen gesammelt hat (z. B. Schule, Sport, Nachhilfe), und über diese Erfahrungen differenziert und selbstkritisch berichten kann, sich leichter in eine neue Führungsrolle einfinden wird, als jemand der in diesem Bereich über keinerlei oder nur negative Erfahrung verfügt.

- *Verhalten*

Der Grundgedanke sogenannter simulationsorientierter Verfahren besteht darin, Situationen, die im künftigen Tätigkeitsfeld als erfolgskritisch angesehen werden, z. B. in einem Rollespiel zu simulieren. Ist der Kandidat in der Lage, die Aufgabe (z. B. Führen eines Kritikgesprächs, Leitung einer Teamsitzung) erfolgreich zu bewältigen, darf man davon ausgehen, dass er dazu auch später in der Echtsituation eher in der Lage ist, als jemand der sich bereits in der Simulation als überfordert erweist.

Verfahrensstandard: Eignungsdiagnose nach DIN 33430

Meist werden die Verfahren nicht einzeln, sondern kombiniert eingesetzt. Bekannte Beispiele sind das Assessment Center (Kleinmann, 1997) oder das Multimodale Interview (Schuler, 2002). Vor allem die Konstruktion aber auch Anwendung dieser Verfahren sollte grundsätzlich entsprechend ausgebildeten und geschulten Experten vorbehalten sein. Die *DIN 33430* macht hier entsprechende Vorgaben (Hornke, 2004). Sie definiert Normen, Standards und Richtlinien der Personalauswahl. Hierzu gehören u. a. die obligatorische Anforderungsanalyse, die Durchführungsmodalitäten, Hinweise auf die psychometrische Qualität der eingesetzten Instrumente, Aussagen zur Validität sowie Anforderungen an die Qualifikationen der durchführenden und verantwortlichen Personen.

Darüber hinaus ist zwischen interner und externer Beschaffung zu unterscheiden. Während bei externen Bewerbern der Auswahlaspekt im Vordergrund steht, kann bei internen Bewerbern auch noch der Förder- und Entwicklungsaspekt z. B. im Rahmen von Traineeprogrammen genutzt werden. Die Ergebnisse der Eignungsfeststellung können dann direkt als Grundlage für weitere Personalentwicklungsmaßnahmen genutzt werden.

3.2.2 Training, Coaching, Mentoring und Evaluation

Ausgangspunkt der Personalentwicklung ist auch hier wieder ein Soll-Ist Vergleich. Der Weiterbildungsbedarf ergibt sich aus der Anforderung (Soll) auf der einen und dem aktuellen Qualifikationsstand (Ist) auf der anderen Seite. Während die Diskrepanz bei Nachwuchskräften offensichtlich ist, muss sie bei Führungskräften, die bereits seit einiger Zeit ihre Funktion wahrnehmen, erst diagnostiziert werden. Die oben vorgestellten Verfahren bieten die Möglichkeit dazu. Außerdem können Beurteilungen und Feedbacks der Mitarbeiter oder Personalentwicklungsgespräche mit Führungskräften auf entsprechende Bedarfe aufmerksam machen. Zur Entwicklung von Führungskompetenz gibt es unterschiedliche Methoden, die häufig auch wieder miteinander kombiniert werden, um eine optimale Wirkung zu entfalten.

Führungskräftetrainings haben den Anspruch, nicht nur theoretisches Wissen über Führung zu vermitteln, sondern konkretes Verhalten zu trainieren. Zentrale Inhalte sind neben den klassischen Führungs- und Motivationstheorien daher in der Regel das Führen von Mitarbeitergesprächen, das Leiten und Moderieren von Gruppensitzungen, die Beurteilung von Mitarbeitern sowie Fragen der Arbeitsorganisation. Hinzu kommen Grundlagen des Arbeitsrechtes und Informationen zu den wichtigsten Führungsinstrumenten. Insbesondere das breite Spektrum von Gesprächsanlässen (Zielvereinbarungsgespräch, Kritikgespräch, Beurteilungsgespräch) macht deutlich, dass soziale Kompetenzen und Kommunikationsfähigkeit im Mittelpunkt stehen. Die Vermittlung von Kommunikationsmodellen (z. B. das Vier-Seiten Modell von Schulz v. Thun (1981), das Konzept der Transaktionsanalyse (Berne, 1967) und Gesprächstechniken (Feedback, aktives Zuhören, Fragetechnik, Argumentationstechnik)) nehmen daher breiten Raum ein. Um konkretes Verhalten zu trainieren, stehen unterschiedliche Übungen zur Verfügung, mit denen den Teilnehmern der eigene Interaktionsstil bewusst gemacht wird. Das Feedback durch die anderen Teilnehmer und die Trainer soll den Teilnehmern helfen, eigene Stärken und Schwächen besser zu erkennen. In Rollenspielen werden dann konkrete Gesprächssituationen (Kritik, Konflikt) geübt und mittels Video-Feedback ausgewertet. In der Regel schließen Transfervereinbarungen, in denen die Teilnehmer konkrete Überlegungen anstellen, wie sie die neu erworbenen Kompetenzen in die Praxis umsetzen können, ein solches Training ab.

Weiterbildungsmöglichkeiten für Führungskräfte

Projektleitungen oder Vertretungen sind Möglichkeiten, um in einem begrenzten Bereich bzw. über einen begrenzten Zeitraum Führungserfahrung zu sammeln und damit schrittweise Kompetenz aufzubauen. Werden diese Phasen durch Trainings und Coachings begleitet, verfügen diese Formen über ein hohes Potenzial an Lernchancen für die Betroffenen. Einige Traineeprogramme beinhalten aus diesem Grund auch diese Entwicklungsaufgaben.

Bei *Coaching und Mentoring* handelt es sich um sehr individuelle Beratungs- und Unterstützungsangebote, die auf die Förderung von beruflicher Handlungskompetenz und die Entwicklung der Persönlichkeit abzielen. Beim Coaching steht die Beratung und Reflexion des eigenen beruflichen Handelns sowie der eigenen Rolle im aktuellen Führungskontext aus einer unabhängigen Perspektive im Vordergrund. In dieser 1:1 Beratungssituation ist es möglich, vertraulich und individuell auf die Bedürfnisse des Ratsuchenden einzugehen. Während Coaching vor allem dem Prinzip verpflichtet ist, Hilfe zur Selbsthilfe zu leisten, bieten andere Beratungs- und Förderkonzepte direkte Unterstützung und unmittelbare Hilfe an. So kommen beispielsweise Mentoren meist aus der gleichen Organisation, um ihre Kontakte und Erfahrungen zur Verfügung zu stellen. Sie unterstützen direkt und indirekt vor dem Hintergrund ihrer Position und langjährigen

Erfahrung mit ihrem Wissen, konkreten Tipps, ihren Kontakten und machen mitunter auch ihren Einfluss geltend.

Trotz des hohen Aufwands, der im Bereich der Führungskräfteentwicklung betrieben wird, gibt es bislang nur *sehr wenige Studien*, die sich speziell mit der Wirksamkeit von Führungskräfteausbildungen befasst haben. Auf einige wenige Ausnahmen soll kurz hingewiesen werden. Bass (1998) geht davon aus, dass transformationale Führung erlernbar ist. Validierungsstudien mit follow-up Messungen belegen den Erfolg entsprechender Programme (Barling, Weber & Kelloway, 1996). In ähnlicher Weise haben Dvir, Eden, Avolio und Shamir (2002) in einer experimentellen Studie die Wirksamkeit eines Trainings zur transformationalen Führung für junge Offiziere erfolgreich überprüft. Frese, Beimel und Schoenborn (2003) konnten ebenfalls positive Effekte im Rahmen zweier 1,5-tägiger Führungskräftetrainings nachweisen. Auf die Wirksamkeit von Trainings, die auf die Optimierung von Entscheidungsstrategien abzielen, wurde bereits hingewiesen (Kapitel 2.1.3). Die schweizerische Vereinigung für Führungsausbildung (SVF) lässt die von ihr angebotene Führungsausbildung systematisch und kontinuierlich evaluieren.

3.2.3 Beurteilung von Führungskräften

Neben der Auswahl und Entwicklung von Führungskräften, bildet regelmäßiges und systematisches Feedback eine wichtige Grundlage für die Steuerung des Verhaltens von Führungskräften. Beurteilungssysteme liefern hierfür einen verbindlichen Rahmen. Während Mitarbeiterbeurteilungen zumindest in den meisten größeren Unternehmen zum Standardrepertoire der Führungsinstrumente zählen, ist für die umgekehrte Beurteilungsrichtung, der Vorgesetztenbeurteilung, nach wie vor eine gewisse Zurückhaltung und Skepsis zu beobachten. Einige Überlegungen hierzu werden daher im Folgenden vorgestellt.

Chancen und Risiken der Aufwärtsbeurteilung

Ein wesentlicher Grund für bislang geringe Verbreitung mag darin zu suchen sein, dass die Beurteilung von Führungskräften durch ihre Mitarbeiter dem traditionellen Rollenverständnis von Führung entgegensteht. Grundsätzlich eröffnen bzw. beschneiden Beurteilungen zukünftige Chancen und Entwicklungsmöglichkeiten der Beurteilten. Damit, so die Befürchtung, scheint die *Autorität der Führungskraft in Gefahr*, wenn Mitarbeiter über ein „ähnliches Sanktionsmittel“ verfügen und Vorgesetzte dadurch in Abhängigkeit zu geraten drohen. Vor dem Hintergrund *beidseitiger Abhängigkeit* werden Befürchtungen laut, Aufwärts- und Abwärtsbeurteilungen könnten sich gegenseitig *neutralisieren* und damit an Aussagekraft einbüßen. Sowohl Mitarbeiter als auch Führungskräfte könnten aus Sorge vor negativen (Beurteilungs-)Konsequenzen dazu neigen, taktisch zu beurteilen, indem differenzierte und vor allem kritische Einschätzungen vermieden werden oder aber vor dem Hintergrund einer als ungerecht erlebten eigenen negativen Beurteilung dazu tendieren, sich mit einer ebenfalls negativen Beurteilung zu *„revanchieren"*. Nicht zuletzt wird die Qualität der Beurteilungen durch Mitarbeiter unter Verweis auf die bekannten *Beurteilungsfehler* (Halo-Effekt, Primacy- und Recency-Effekt, Tendenz zu Mitte etc.) in Frage gestellt, zumal die Mitarbeiter in der Regel nicht für diese Beurteilungsaufgabe qualifiziert werden. Zusätzlich ist bisweilen die Befürchtung anzutreffen, dass Ergebnisse von Vorgesetztenbeurteilungen als Mittel der *Mikropolitik* instrumentalisiert werden, mit dem die Position einzelner Führungskräfte geschwächt werden kann.

Auf der anderen Seite lassen sich zahlreiche Chancen und Zielsetzungen anführen, die mit Hilfe von Aufwärtsbeurteilungen genutzt bzw. erreicht werden sollen. Die Unternehmen versprechen sich von der Einführung der Vorgesetztenbeurteilung eine Verbesserung der Führung oder zumindest einen *Dialog über Führung*. Als weitere Gründe und Motive lassen sich Personalentwicklung, Teamentwicklung, Partizipation sowie Motivation und Diagnose nennen. Offensichtlich steht die Veränderung und Verbesserung von Führung durch einen Dialog der Beteiligten im Mittelpunkt der Erwartungen. Ausgangspunkt hierfür sind häufig im Unternehmen entwickelte Führungsleitlinien- oder grundsätze, die als Orientierung für die Entwicklung von Führungskultur dienen. Im Verlauf und bei der Auswertung solcher Prozesse zeigt sich für die Beteiligten zumeist überraschend, dass Führungskultur von Mitarbeitern und Vorgesetzten unterschiedlich wahrgenommen wird. An dieser Stelle bieten Vorgesetztenbeurteilungen die Möglichkeit, unterschiedliche Sichtweisen miteinander abzugleichen, *„blinde Flecken" zu erhellen* und Ansatzpunkte für Veränderungen zu finden. Führungskräfte lernen Wirkungen und Konsequenzen eigenen Führungsverhaltens kennen und können diese Informationen mit eigenen Zielen und Ansprüchen abgleichen. Dieser Ansatz steht in unmittelbarer Nähe zu Konzepten des *organisationalen Lernens* (Schreyögg & Noss, 1995). Für die Mitarbeiter beinhaltet dieser Ansatz die Chance einer *verstärkten Partizipation und Verantwortungsübernahme* sowie eine Erhöhung von Motivation und Zufriedenheit. Vor dem Hintergrund eines kooperativen Führungsverständnisses eröffnet die Vorgesetztenbeurteilung als Feedbackinstrument die Möglichkeit, dass Vorgesetzte und Mitarbeiter intensiver und offener miteinander kommunizieren und auf diesem Wege gemeinsam Führung und Zusammenarbeit verbessern. Erwartet werden hierdurch letztlich positive Auswirkungen auf die Leistung.

Vor dem Hintergrund der unterschiedlichen Zielsetzungen ergeben sich zahlreiche inhaltliche und formal-organisatorische Gestaltungsmöglichkeiten. Steht beispielsweise der Kontrollgedanke im Vordergrund (z. B. Vorgesetztenbeurteilung als Baustein des Qualitätsmanagements), ist die Teilnahme für alle Mitarbeiter und Führungskräfte obligatorisch. In diesem Fall werden auch eher standardisierte Instrumente zum Einsatz kommen, um eine Vergleichbarkeit zu gewährleisten. Wenn der Teamentwicklung und der Intensivierung der offenen Kommunikation die höchste Priorität beigemessen wird, kann Freiwilligkeit eine wichtige Voraussetzung sein. Die Qualität der Erhebungsinstrumente ist dann eher von untergeordneter Bedeutung, möglicherweise kann vollständig auf standardisierte Instrumente verzichtet werden. Stattdessen rückt dann die Qualität der gemeinsamen Auswertung (Teamgespräch, Workshop etc.) in den Mittelpunkt und muss ggf. durch externe Moderation unterstützt werden. Es ist naheliegend, dass die Qualität der Vorgesetztenbeurteilung von zahlreichen Faktoren abhängt. Hierzu gehören die *Informationen* im Vorfeld der Einführung von Vorgesetztenbefragungen, das Ausmaß der *Beteiligung* bei der Konzeptentwicklung sowie die Frage, inwieweit sich auch die Geschäftsleitung dem Feedback durch die Führungskräfte der nächsten Ebene stellt. Ein Praxisbeispiel wird in Kapitel 5 vorgestellt.

3.2.4 Führungsleitlinien und Handbuch

Zur Entwicklung einer einheitlichen Führungskultur ist es wichtig, Anforderungen und Erwartungen an Führungskräfte klar zu formulieren. Wie im vorangehenden Kapitel dargestellt wurde, erfordert die Einführung einer Aufwärtsbeurteilung bereits eine Klärung der Anforderungen und Erwartungen, die an die unterschiedlichen Führungspositionen gestellt werden.

Verbindliches Leitbild und Leitlinien zur Orientierung

Ein Führungsleitbild oder Führungsleitlinien artikulieren diese Erwartungen und sind die entscheidende Grundlage für die Entwicklung und Steuerung des Führungsverhaltens in einer Organisation, indem sie *Orientierung* geben und damit auch als Messlatte für die Bewertung von Führungsverhalten dienen.

Gerade junge Nachwuchsführungskräfte sind angesichts unterschiedlicher und zum Teil widersprüchlicher Führungsmodelle, die sie in der Organisation erleben, häufig unsicher, was von ihnen erwartet wird. Ein Leitbild mit konkreten Hinweisen und klaren Aufgabenkatalogen (Führungshandbuch oder Führungskalender), aus denen hervorgeht, was von einer Führungskraft erwartet wird, geben hier eine wertvolle Orientierung.

Sicherlich ist die Entwicklung und Einführung von Führungsleitlinien keine Garantie dafür, dass sie auch umgesetzt werden. Das ist besonders dann zu befürchten, wenn diese Leitlinien einfach aus einem anderen Unternehmen übernommen (d. h. abgeschrieben) werden und damit eher den Charakter eines Lippenbekenntnisses haben. Vielmehr müssen die Leitlinien vor dem Hintergrund der *spezifischen Situation* der Organisation entwickelt werden, um für den Führungsalltag bedeutsam zu sein. Dazu müssen sie Hinweise und Antworten auf typische Problemfälle und Konfliktsituationen geben, mit denen Führungskräfte in einer Organisation immer wieder kon-

Tabelle 10:
Führungsleitlinien

1. Leitlinie: Führen in der XY GmbH heißt: Vorbild sein!	**2. Leitlinie: Anspruchsvolle Ziele sind für uns eine Herausforderung**
Kommentar und Erläuterung: Für die Akzeptanz als Führungskraft ist kompetentes, glaubwürdiges und nachvollziehbares Verhalten notwendig. So bieten unsere Führungskräfte wichtige Orientierungen für das Verhalten der MA und setzen damit Maßstäbe für das tägliche Miteinander, das durch Verantwortung und Initiative geprägt ist. *Dies erreichen wir, indem unsere …* – Führungskräfte nur das fordern, was sie selbst vorleben! – Führungskräfte soziale Kompetenz, partnerschaftliches Handeln und fachliche Qualifikation in sich vereinen. – Führungskräfte so führen, wie sie selbst geführt werden möchten. – Kritik keine Einbahnstraße ist. Das Einfordern konstruktiver Kritik ist für unsere Führungskräfte selbstverständlich. Hier liegen Chancen für Entwicklungen.	*Kommentar und Erläuterung:* Ziele geben unserem Handeln Orientierung und machen Erfolg messbar. Ziele sind ein unverzichtbares Führungsinstrument. Zur Sicherung unserer Marktführerschaft setzen wir uns ehrgeizige Ziele. *Dies erreichen wir, indem …* – Führungskräfte und MA sich mit den Zielen identifizieren und loyal hinter den eingeschlagenen Strategien stehen. – messbare persönliche Ziele abgeleitet und gemeinsam vereinbart werden. – faire und regelmäßige Kontrollen der Führungskraft und dem MA helfen, die vereinbarten Ziele zu erreichen. – wir gemeinsam realistische Maßnahmen zur Zielerreichung erarbeiten, insbesondere wenn die Zielerreichung gefährdet ist

frontiert sind. Tabelle 10 zeigt exemplarisch zwei Leitlinien mit Kommentaren zum besseren Verständnis und Erläuterungen, wie diese Leitlinie konkret umgesetzt werden kann.

Leitlinien gemeinsam im Dialog entwickeln

Um welche Themen und Konfliktfelder es sich dabei handelt, kann am besten in einem *partizipativen Prozess* entwickelt werden. Als Ausgangspunkt bietet sich hier wieder eine Mitarbeiterbefragung bzw. eine Führungsstilanalyse an, mit der sich die aktuelle Führungssituation analysieren lässt. Vor dem Hintergrund der Fragen, welche Stärken erhalten und weiter ausgebaut und welche Schwächen und Probleme wie behoben werden müssen, entwickeln Geschäftsführung und Führungskräfte in einer Abfolge von Workshops gemeinsam ein Leitbild. Die Beteiligung bei der Entwicklung eines Leitbildes hat für die einbezogenen Führungskräfte bereits den Charakter einer Führungskräfteentwicklung.

Voraussetzung ist allerdings, dass die Diskussionen mit der erforderlichen Offenheit und Intensität geführt werden. Ein wesentlicher Erfolgsfaktor ist hierbei das *Engagement der Geschäftsleitung*. Leitlinien, die ohne maßgebliche Beteiligung der Geschäftsführung entwickelt wurden, werden in der Praxis kaum Bestand haben. Vielmehr ist es erforderlich, dass sich das Top-Management mit den Leitlinien identifiziert und sich seiner *Vorbildfunktion* bewusst ist. Die Verbindlichkeit und die Glaubwürdigkeit von Leitlinien werden von Mitarbeitern und Führungskräften danach beurteilt, inwieweit sie von der Geschäftsleitung bzw. der obersten Führungsebene vorgelebt werden. Umgekehrt dürfte sich die Implementierung von Leitlinien als schwierig erweisen, wenn sie Top down ohne einen intensiven Diskussionsprozess vorgegeben werden.

Klares Commitment der Geschäftsleitung erforderlich

Nicht zuletzt sind konkrete Führungsinstrumente erforderlich, um die Umsetzung der Leitlinien zu gewährleisten. Hierzu gehören neben Ziel- und Beurteilungssystemen vor allem unterschiedliche Formen von Mitarbeitergesprächen: Zielvereinbarungsgespräch, Beurteilungsgespräch, Teambesprechungen etc., die im Kapitel 4 ausführlicher dargestellt werden. Wann und wie diese Instrumente einzusetzen sind, kann in einem Führungshandbuch verbindlich festgehalten werden. Wichtig ist, dass die Instrumente und Leitlinien nicht isoliert nebeneinander stehen, sondern in einem integrierten Konzept sorgfältig aufeinander abgestimmt sind:

- Unternehmensleitbild/-Leitlinien
- Führungsleitbild/-leitlinien
- Anforderungsprofile
- Führungshandbuch
- Führungsinstrumente

3.3 Frauen in Führungspositionen

In vielen Bereichen sind Frauen in Führungspositionen nach wie vor unterrepräsentiert (Brader & Lewerenz, 2006). Diese Ungleichverteilung steht vor allem in Widerspruch zu dem hohen Anteil gut qualifizierter Frauen, die trotz hoher formaler Bildungsqualifikationen ihre offensichtlichen Potenziale nur unzureichend ausschöpfen. Dabei zeigt sich vor allem, dass Frauen umso eher unterrepräsentiert sind, je größer die Organisation und je höher die betrachtete Hierarchieebene ist. Liegt der Anteil der Frauen in der ersten Führungsebene in Deutschland bei kleinen und mittleren Unternehmen immerhin noch bei 26 bzw. 20 %, beträgt die Quote bei Unternehmen mit über 500 MitarbeiterInnen nur noch 4 %.

Frauen in Führungspositionen unterrepräsentiert

Auch wenn es durchaus Hinweise auf Brancheneffekte gibt, die die geschlechtsspezifische Segregation des Arbeitsmarktes widerspiegelt wie zum Beispiel, dass Frauen in Bereichen, die weiblichen Rollenmustern eher entsprechen (Sozial- und Gesundheits- sowie Dienstleistungsbereich) weniger unterrepräsentiert sind als in typisch männlichen Branchen (verarbeitendes Gewerbe etc.), lässt sich damit der insgesamt geringe Anteil von Frauen in

Führungspositionen nicht erklären. Selbst in Bereichen mit einem hohen Frauenanteil wie z. B. im öffentlichen Dienst, bleibt die Quote der Frauen in höheren Führungspositionen vergleichsweise niedrig. Eine wachsende Zahl von Organisationen und Unternehmen ist daher bemüht, diesem Ungleichgewicht entgegenzuwirken. Im Folgenden werden einige Ursachen und Erklärungsansätze für dieses Ungleichgewicht vorgestellt.

3.3.1 Warum Frauen unterrepräsentiert sind

Das bereits benannte Phänomen, dass Frauen trotz formal gleichwertiger Qualifikation der letzte Karrieresprung ins Top-Management häufig verwehrt bleibt, wird als *Glass-Ceiling-Effekt* bezeichnet (Becker, 1957; Morrison & von Glinow, 1990; Morrison, White & Van Velsor, 1987; Powell, 1999; Powell, Butterfield & Parent, 2002). Hierfür wird eine Reihe von Erklärungsansätzen diskutiert.

Sozialpsychologische Ursachen

Zum einen sind es geschlechtsspezifische *Stereotype und Vorurteile* über Frauen, die dazu führen können, dass sie seltener für Führungspositionen eingestellt werden. Zum Beispiel wird ihnen aufgrund geschlechtsspezifischer Merkmale eine generell geringere *Leistungsfähigkeit* zugeschrieben, und es wird angenommen, dass aufgrund familiärer Belastung mit höheren Fluktuations- und Absentismusraten zu rechnen ist. Frauen haben zwar insgesamt häufigere Unterbrechungen in ihrer Arbeitsbiografie, bemerkenswert ist aber, dass für hochqualifizierte Führungspersonen keine Unterschiede zwischen Männern und Frauen nachgewiesen werden konnten (Littmann-Wernli & Schubert, 2001; Osterloh & Littmann-Wernli, 2000). Im Top-Management wird zudem eine hohe *Risikobereitschaft* erwartet, und Frauen wird insgesamt eine höhere Risikoaversität als Männern zugeschrieben (Townsend, 1996). Diese Annahme kann ebenfalls dazu führen, dass Frauen bei der Besetzung von Spitzenpositionen seltener berücksichtigt werden als Männer.

Das *Think Manager – Think Male*-Stereotyp beschreibt das Phänomen, dass Führung allgemein und Führungspersönlichkeiten im Besonderen eher männliche (dominant, selbstsicher, durchsetzungsfähig, aktiv etc.) als weibliche Eigenschaften (angepasst, fürsorglich, unterstützend, kooperativ etc.) im Sinne von Geschlechtsstereotypen zugeschrieben werden (Schein, Mueller, Lituchy & Liu, 1996; Sczesny, 2003). Werden Führungskräfte gesucht und ausgewählt, werden diese Stereotype aktiviert und Frauen werden weniger berücksichtigt, weil sie dem männlichen Stereotyp weniger entsprechen.

Das Rollenbild von Führung ist männlich

Diese Auslese wird als *statistische Diskriminierung* bezeichnet: ein Mitglied einer Gruppe wird aufgrund von Durchschnittserwartungen über die gesamte Gruppe benachteiligt. Mit dem *Pygmalion-Effekt* (Rosenthal & Jacobson, 1968) wird eine Art der sich selbsterfüllenden Prophezeiung bezeichnet, bei der die Erfolgs- oder Misserfolgserwartungen über eine Person bestimmen, wie erfolgreich sie letztendlich sein wird. Wenn Personalverantwortliche oder Vorgesetzte negativere Erwartungen über Frauen haben, kann ihr Verhalten dazu führen, dass sie diese weniger unterstützen und fördern, und sich die Misserfolgserwartungen dadurch bestätigen (Dvir, Eden & Lang, 1995). Eng verbunden sind hiermit entsprechende Attributionsmuster. Erfolge werden dann eher mit Glück oder Zufall erklärt, wohingegen Misserfolge den Eigenschaften und Fähigkeiten der Person angelastet werden.

Darüber hinaus sind nach Eagly und Karau (1992) die weibliche Geschlechtsrolle und die weibliche Führungsrolle nicht kongruent. Diese *Geschlechtsrolleninkongruenz* führt zum einen dazu, dass Frauen weniger Führungskompetenz zugeschrieben wird: Sozial anerkanntes weibliches Rollenverhalten und Führungsverhalten sind inkongruenter als sozial akzeptiertes männliches Verhalten und Führungsverhalten. Zum anderen wird weibliches Führungsverhalten negativer bewertet, weil weibliche Rollenerwartungen nicht erfüllt werden. Dieses Dilemma führt in jedem Fall zu *negativen Bewertungen und kritischem Feedback:* Entweder weil die Erwartungen an eine Führungsrolle nicht erfüllt werden oder die Erwartungen an die Frauenrolle enttäuscht werden (Deal & Stevenson, 1998; Eagly, Makhijani & Klonsky, 1992; Heilman, Wallen, Fuchs & Tamkin, 2004).

Die Zugehörigkeit zu Gruppen und sozialen *Netzwerken* ist ein weiterer Faktor, der über Chancen und Barrieren entscheidet, um Macht und Einfluss zu erlangen. Beim beruflichen Aufstieg sind Unterstützungen durch Kollegen aber vor allem durch einflussreiche Vorgesetzte von Bedeutung. Solche Förderer und Führsprecher, die direkte oder indirekte karriererelevante Unterstützung leisten, werden auch als *Mentoren* bezeichnet. Männer haben es dabei in der Regel leichter, einen einflussreichen Mentor zu finden, während Frauen eher von Kollegen und weniger von Vorgesetzten und mächtigen Mentoren unterstützt werden. Dabei können gerade diese Mentoren, die selber über Macht und Einfluss verfügen, häufiger karriererelevante Unterstützung anbieten (Blickle & Boujataoui, 2005; Dreher & Cox, 1996; Ragins & Cotton, 1991).

Annahmen zu unterschiedlichen Eigenschaften von Männern und Frauen haben auch die Erwartung gefördert, dass sich Männer und Frauen in ihrem Führungsverhalten unterscheiden. Vereinfacht gesagt führen Männer demnach eher sach- und aufgabenorientiert während Frauen eher beziehungsorientiert führen und ihre sozialen Kompetenzen zur Geltung bringen.

In der Forschung finden sich hierfür allerdings kaum Belege für *geschlechtsspezifische Unterschiede*, sobald Frauen und Männer in ähnlichen Führungspositionen verglichen werden.

Ursachen in der Person

Neben diesen eher im sozialen Umfeld von Frauen liegenden Prozessen existieren auch innerpsychologische Mechanismen, die ihnen den Weg zu Führungspositionen erschweren können. Die oben angesprochenen Stereotypen beeinflussen nicht nur die soziale Wahrnehmung von außen, sondern auch die Selbstwahrnehmung und das *Selbstkonzept*. Stereotype können die Selbstwahrnehmung negativ beeinflussen und das Selbstkonzept bedrohen. Entsprechend liefert die Forschung zum *Stereotype Threat* entscheidende Hinweise darauf, dass Frauen in bestimmten Situationen aus Angst, das bestehende Vorurteil über ihre Minderqualifizierung zu bestätigen oder weil sie glauben, in bestimmten Aufgaben aufgrund ihres Geschlechts weniger leisten zu können („als Frau gelingt es mir bestimmt nicht so gut wie einem Mann, XY zu machen …"), schlechtere Ergebnisse erzielen als Männer (Spencer, Steele & Quinn, 1999; Steele & Aronson, 1995). Dieser Prozess kann für Männer, die nicht unter dieser stereotypen Bedrohung stehen, sogar im Sinne einer sich selbst erfüllenden Prophezeiung förderlich sein („Als Mann sollte es mir nicht schwer fallen, XY zu machen …").

Vereinbarkeit von Familie und Karriere

Doppelrolle von Frauen und Rollenkonflikte

Einen weiteren Erklärungsansatz liefern unterschiedliche Karriereerwartungen und spezifische *Zielkonflikte* von Frauen. Bei der Entscheidung für oder gegen eine berufliche Karriere stehen Frauen häufig vor einem Interessenskonflikt zwischen Kinder- und Karrierewunsch (Abele, 2005). Frauen sind in ihrer Lebensplanung sowohl *familien- als auch berufsorientiert*, und nicht zuletzt wegen gesellschaftlicher Rahmenbedingungen und fehlenden Kinderbetreuungsangeboten kann das zu einer Entscheidungsnotwendigkeit zwischen Kindern oder Karriere führen (Wetterer, 1995).

Der daraus resultierende Zielkonflikt beeinflusst in hohem Maße das Engagement für beide Lebensbereiche und kann dazu führen, das Frauen weniger Energie und Engagement in ihre berufliche Entwicklung investieren als Männer, die diesen Konflikt nicht verspüren (Abele, 2002, 2005; Blickle, 2005; Brunstein & Meier, 1996). Für Frauen, die sich sowohl für Beruf als auch für Familie entschieden haben, besteht häufig ein Konflikt in der Vereinbarkeit von familiären und beruflichen Zielen (Integration), während Männer leichter beide Interessensbereiche getrennt voneinander entwickeln können (Segmentation). Diese unterschiedliche Ausprägung von Konfliktpotenzial kann die Erfolgsaussichten von Frauen nachteilig beeinflussen (Abele, Hoff & Hohner, 2003).

3.3.2 Maßnahmen zur Förderung von Frauen

Entsprechend empfehlen Brader und Lewerenz (2006) Mentoring-Programme, Karrierenetzwerke und geschlechtersensible Förderung des Nachwuchses als Maßnahmen zur Erhöhung des Anteils von Frauen in Führungspositionen. Gelingt es, das Ungleichgewicht zwischen Frauen und Männern in Führungspositionen aufzuheben, tritt die Bedeutung von Stereotypen und Vorurteilen in den Hintergrund. Wenn der Ausnahmefall zur Regel wird, dürfte auch das Interesse an Unterschieden und Besonderheiten von Frauen in Führungspositionen verblassen.

Der wohl entscheidende Punkt dürfte aber sein, inwieweit es gelingt, wirksame *Maßnahmen zur Vereinbarkeit* von Beruf und Familie zu ergreifen und damit das geschlechtsspezifische Konfliktpotenzial von Frauen zu reduzieren. Zu den wichtigsten Maßnahmen zur Erhöhung der Vereinbarkeit von Familie und Beruf zählen:

- Ausreichende Kinderversorgung
- Flexible Arbeitszeiten
- Karrierepläne mit Elternzeiten
- Wiedereinstiegsprogramme nach Kinderpause
- Elternzeit für Väter

4 Instrumente operativer Führung

Mit der Diagnose des Führungsverhaltens (s. Kapitel 3.1) ist aber noch nicht die Frage beantwortet, wie in einer Organisation konkret geführt werden soll. Hierzu bedarf es zur Orientierung der Formulierung von verbindlichen *Führungsleitlinien* als Teil der Unternehmensleitlinien (s. Kapitel 3.2.4), sowie der Entwicklung und Implementierung von *Führungsinstrumenten*, die die Führungskräfte bei der Umsetzung im operativen Führungsalltag unterstützen (Zielvereinbarungssystem, Beurteilungssystem, Gesprächsleitfäden, Karrieremodelle etc.). Einige dieser Instrumente werden im Folgenden vorgestellt.

4.1 Mitarbeitergespräche

4.1.1 Kommunikation als Grundlage

Die soziale Einflussnahme im Führungsprozess basiert im Wesentlichen auf der Kommunikation zwischen Mitarbeiter und Führungskraft. Überzeugen, Delegieren, Anleiten, Kritisieren, aber auch der Ausdruck von

Wertschätzung und Anerkennung sind zentrale Mittel und Techniken zielgerichteter *Kommunikation*. Mit Hilfe der Kommunikation werden nicht nur *Sachfragen* geklärt, z. B. was ist bis wann wie und von wem zu tun, sondern es wird immer auch gleichzeitig die Qualität der *Beziehung* berührt. Dabei geht es insgesamt um die Frage, wie man miteinander umgeht und letztlich um den Selbstwert der Beteiligten Kommunikationspartner. Gegenseitige Wertschätzung, Verständnis, Respekt und Vertrauen sind hierfür zentrale Themen. Durch Kommunikation findet Beziehungsklärung und -entwicklung statt. Der Erfolg und die Effizienz von Führung hängen wesentlich von der Beziehung und den Emotionen zwischen Führungskraft und Mitarbeiter ab, die durch die Qualität der Kommunikation beeinflusst wird.

Bewusste, partner- und zielorientierte Kommunikation

Es wurde bereits in Kapitel 3.2.2 darauf hingewiesen, dass die Vermittlung kommunikativer Kompetenzen einen basalen Bestandteil der Führungskräfteentwicklung ausmacht. Grundlagen einer sowohl *partner- als auch zielorientierten Kommunikation* sind u. a. aktives Zuhören, Feedback, Fragetechniken sowie Bewusstheit über die Chancen und Risiken des eigenen Kommunikationsstils einschließlich der meist unbewussten nonverbalen Anteile. Offenheit, Interesse und Wertschätzung für den Gesprächspartner sind wichtige Grundhaltungen und Voraussetzungen dafür, den Partner zu verstehen (Perspektivübernahme, Empathie).

Eine einfache, kurze und prägnante Ausdrucksweise und eine strukturierte Argumentation erhöhen die Verständlichkeit. Insbesondere die Kenntnis von Ursachen und Hintergründen von *Kommunikationsproblemen und -störungen* wie z. B. Missverständnissen sind eine wichtige Voraussetzung für deren Vermeidung bzw. Behebung. Hierzu zählen vor allem Imponiergehabe, Fassadentechniken, Killerphrasen, indirekte oder widersprüchliche Nachrichten und Appelle, die Verwirrung stiften und Unsicherheit erzeugen, sowie Botschaften, die den Selbstwert des Kommunikationspartners in Frage stellen (z. B. Bevormundung, Ironie) und damit Rechtfertigung und Widerstand provozieren. Zur Lösung von Kommunikationsproblemen, die durchaus zu ernsthaften Konflikten eskalieren können, ist es meist hilfreich, diese direkt anzusprechen (Meta-Kommunikation).

In welchen Situationen und mit welchem Ziel diese Techniken eingesetzt werden, geben unterschiedliche Gesprächsanlässe vor. Insbesondere bei Beurteilung, Zielvereinbarung, Kritik, Coaching/Training und Teambesprechungen handelt es sich um formale Anlässe, die sich nicht ad hoc ergeben und zwischen „Tür und Angel“ erledigt werden können. *Mitarbeitergespräche* sind damit institutionalisierte Gespräche mit formalem Anlass spezifischer Zielsetzung und einem gewissen Zeitbedarf, die sich nicht spontan ergeben, sondern terminiert und entsprechend vorbereitet werden können (Fiege, Muck & Schuler, 2006; Hossiep, Bittner & Berndt, 2008).

Standardisiertes und systematisches Vorgehen

Hierfür sollten den Führungskräften standardisierte Instrumentarien zur Verfügung stehen, die ein *einheitliches und systematisches Vorgehen* in der gesamten Organisation gewährleisten. Durch sie sind nicht nur wie z. B. bei der Beurteilung Bewertungsdimensionen und Maßstäbe vorgegeben, sondern auch Ablauf und Struktur des Gesprächs geregelt. Solche *Gesprächsleitfäden* stellen eine wichtige Hilfe für den richtigen Gebrauch der Instrumente dar. Damit ist nicht nur die Vergleichbarkeit gewährleistet, sondern auch sichergestellt, dass wichtige Punkte nicht vergessen werden oder das Gespräch ausufert.

4.1.2 Standards und Abläufe

Aktive Rolle der Mitarbeiter fördern

Im Sinne kooperativer Führung haben sich unabhängig vom jeweiligen Anlass einige Standards entwickelt, die einen partnerschaftlichen Umgang miteinander erleichtern sollen. So ist es ein wesentliches Anliegen, die Mitarbeiter zu beteiligen und in der Rolle eines *aktiven Gesprächspartners* zu unterstützen. Damit soll die Selbstständigkeit und Eigenverantwortung der Mitarbeiter gestärkt werden. Wird hierfür nicht durch eine geeignete Dramaturgie Sorge getragen, besteht ein nicht unerhebliches Risiko, dass die Gespräche sehr einseitig verlaufen, indem sich aus Unsicherheit, Unwissenheit oder falschem Rollenverständnis ein Monolog seitens der Führungskraft entwickelt. Werden Mitarbeiter nicht ausdrücklich dazu aufgefordert und dabei unterstützt, werden sie sich eher mit ihrer eigenen Meinung zurückhalten und bestenfalls protestieren, wenn sie sich ungerecht behandelt fühlen. Und schon gerät der Vorgesetzte unter Rechtfertigungsdruck und der Konflikt ist vorprogrammiert.

Umgekehrt ist es wenig zielführend, wenn nur der Mitarbeiter seine Sichtweise darstellt und sich die Führungskraft auf die Zuhörerrolle beschränkt. Wie kann nun ein partnerschaftlicher und zielorientierter Dialog mit annähernd gleichen Gesprächsanteilen unterstützt werden? Hierzu muss eine Balance zwischen direktiver und non-direktiver Gesprächsführung gefunden werden.

Unabhängige Gesprächsvorbereitung erforderlich

Ein erster wichtiger Schritt beginnt bereits bei der *Vorbereitung*. Nur wenn auch der Mitarbeiter die Möglichkeit hat, sich auf ein Gespräch vorzubereiten, kann er das Gespräch aktiv und eigenverantwortlich mitgestalten, indem er seine Sichtweisen darlegen und eigene überlegte Vorschläge unterbreiten kann. Aus diesem Grund ist es mittlerweile üblich, dass die Mitarbeiter die gleiche Gesprächsvorbereitung zu leisten haben wie ihre Führungskräfte. Hierzu werden ihnen auch die entsprechenden Materialien wie z. B. Vorbereitungsbögen zur Verfügung gestellt.

Beinahe selbstverständlich klingt es schon, dass die Gespräche nicht unvorbereitet und unter ungeeigneten Bedingungen wie z. B. Zeitdruck oder

Störungen von außen durchgeführt werden. Vermeintlich offen, d. h. unvorbereitet in ein Gespräch zu gehen, birgt für beide Seiten erheblich Risiken. Hierzu gehört, dass wichtige Punkte schlicht vergessen werden, weil man sich mit anderen Themen aufgehalten hat oder allzu überrascht und spontan zu reagieren und damit dem Gespräch einen ungünstigen Verlauf zu geben. Es hat sich bewährt, den Verlauf der Gespräche in unterschiedliche *Phasen* zu unterteilen.

Üblicherweise beginnen die Gespräche mit einer *Einstiegs-/Eröffnung oder Kontaktphase*. Dabei geht es auf der Sachebene darum, sich über Ziel, Zeitrahmen und Vorgehen zu verständigen und auf der Beziehungsebene für Offenheit und Vertrauen zu sorgen. Der Einstieg ist entscheidend für die Atmosphäre des Gesprächs (formell vs. informell, offen vs. vorsichtig). In der Regel wird hier die Führungskraft die Initiative und Steuerung übernehmen. Wichtig ist hierbei jedoch durch Nachfragen sicher zu stellen, ob hinsichtlich der Erwartungen an das Gespräch Konsens besteht.

In der folgenden *mitarbeiterorientierten Phase* – und damit frühzeitig – sollte der Mitarbeiter Gelegenheit haben, seine Vorstellungen ausführlich darzulegen:

- Zielvereinbarung: Wie schätzt er die Zielerreichung im letzten Zeitraum ein und welche Ziele will er sich für den kommenden Zeitraum setzen?
- Beurteilung: Wo sieht er seine Stärken und Schwächen und wie bewertet er sich selbst auf den vorgegebenen Beurteilungsdimensionen?
- Training/Coaching: In welchen Situationen ist der Mitarbeiter selber immer wieder unzufrieden mit seiner Leistung bzw. den Ergebnissen oder unsicher bezüglich seines Verhaltens und wünscht sich Unterstützung? Was möchte er verändern?

Vorrangiges Ziel der Führungskraft sollte in dieser Phase sein, die Sichtweise des Mitarbeiters durch Nachfragen und aktives Zuhören zu verstehen und nachvollziehen zu können. Eine wertschätzende Grundhaltung ist hierfür eine notwendige Voraussetzung. Voreiliges Bewerten und Korrigieren sind hier fehl am Platz. Zudem lassen sich Fehleinschätzungen der Mitarbeiter am leichtesten korrigieren, wenn ihre Entstehung verstanden worden ist.

Auf Gesprächsanteile der Mitarbeiter achten!

In der nächsten *Abgleich- oder Feedbackphase* folgt der Vergleich mit der Sichtweise der Führungskraft. Gemeinsamkeiten sollten positiv hervorgehoben und unterschiedliche Auffassungen geklärt werden. Wenn es sich nicht ausdrücklich um ein Kritikgespräch handelt, sollten insgesamt die positiven Aspekte bzw. die Punkte, zu denen Konsens besteht, überwiegen. Das sollte auch deutlich werden. Nur oft genug wird nach dem Motto: „Nicht getadelt ist genug gelobt“ verfahren und die demotivierende Wirkung dieser Vorgehensweise völlig unterschätzt. Insgesamt handelt es sich auch um eine Feedbacksituation, bei der die Mitarbeiter Gelegenheit haben, ihre eigene Sichtweise mit der Wahrnehmung und Einschätzung der Führungskraft abzugleichen und ihr eigenes Selbstbild zu entwickeln. Je nach Gesprächsanlass stehen beim Feedback Aspekte des Lernens, der Motivation oder der Information im Vordergrund. Feedback sollte nicht nur ausgewogen, sondern vor allem auch konkret, verhaltensbezogen und orientierend sein, um als hilfreich erlebt werden zu können. Globale Kritik bietet im Gegensatz dazu ebenso wenig Orientierung und Unterstützung für notwendige Korrekturen wie pauschales Lob, das zudem als wenig glaubwürdig erlebt wird.

Die Punkte, bei denen Dissens besteht, erfordern besondere Aufmerksamkeit. Das Ziel der *Klärungs- oder Problemlösungsphase* sollte sein, eine gemeinsame Lösung zu entwickeln. Damit ist nicht ein fauler Kompromiss gemeint, bei dem jeder etwas nachgibt. Vielmehr sollte es hier gelingen, den anderen durch Argumente zu überzeugen oder gänzlich neue Lösungsansätze zu entwickeln.

Sind die anstehenden Punkte besprochen und geklärt, sollten in der *Abschlussphase* die wichtigsten Ergebnisse nochmals zusammengefasst und gegebenenfalls schriftlich festgehalten werden. Ein gegenseitiges Feedback zum Gesprächsverlauf dient der Beziehungsklärung und rundet das Gespräch ab.

4.2 Zielvereinbarung

Bereits in Kapitel 2.1.4 wurde dargelegt, dass die Vereinbarung von Zielen eine wesentliche Führungsaufgabe darstellt. Es wurde darauf hingewiesen, dass Ziele attraktiv, erreichbar und herausfordernd sein sollten, um die Motivation positiv zu beeinflussen. Für ein Führungsverständnis, dass die Vereinbarung von Zielen als zentrale Funktion in den Mittelpunkt gestellt, hat sich der Begriff *Management by Objectives (MbO)* etabliert.

4.2.1 Konzept und Strategie

Ziele sollen orientieren und motivieren

Das wichtigste Element dieser Führungstechnik ist der Prozess der Zielvereinbarung. Die Ziele werden im Gespräch mit den Mitarbeitern (einzeln oder im Team) ausgehandelt und nicht einseitig vorgegeben. Dabei sollen betriebliche Anforderungen und Interessen auf der einen und die Möglichkeiten und Bedürfnisse der Mitarbeiter auf der anderen Seite gleichermaßen berücksichtigt werden. Wird den Mitarbeitern ein Mitspracherecht bei der Zielsetzung („Goal-Setting“) eingeräumt, spricht man von *Zielvereinbarungen*. Werden die Ziele ausschließlich durch die Führungs-

Zielsetzung

SMART

Kriterien für herausfordernde und spezifische Ziele:

- Konkret, spezifisch, messbar
- Herausfordernd, schwierig, erreichbar
- Erreichung intern kontrollierbar
- Motivierend (Sinn, Werte)
- Konfliktfrei (keine Zielkonflikte)

S	Spezifisch
M	Messbar
A	Aktiv beeinflussbar
R	Relevant
T	Terminiert

Abbildung 7:
Kriterien für leistungssteigernde Ziele

kraft vorgegeben, ist der Begriff *Zielvorgaben* angemessener. Der Nutzen von Zielvereinbarungen ist dann am größten, wenn das Top-Management das Konzept unterstützt und eingebunden ist, wie eine Meta-Analyse von Rodgers und Hunter (1991) belegt.

Damit Ziele leistungssteigernd sind, müssen einige Kriterien erfüllt sein. Als Merkhilfe kann hier auf die SMART Formel verwiesen werden (Abbildung 7). Damit Ziele SMART sind, müssen sie zunächst *konkret und spezifisch* sein. „Kundenzufriedenheit“, „Qualität“ oder „Einsatzbereitschaft“ sind keine spezifischen Ziele, weil nicht klar ist, was konkret verändert werden soll. Zudem sollten die Ziele *messbar* sein. Sonst ist eine Überprüfung der Zielerreichung nicht möglich.

Es reicht damit nicht, „mehr Qualität“ zu fordern, sondern es muss bestimmt werden, um wie viel sich ein konkretes Qualitätskriterium verändern soll, z. B. „Reduzierung der Kundenbeschwerden um 30 %“. Sicherlich wird man nicht damit zufrieden sein können, wenn das Ziel erst in zehn Jahren erreicht wird. Eine Erreichung binnen Monatsfrist hingegen darf als unrealistisch betrachtet werden. Damit ist es also weiterhin erforderlich, einen Zeitpunkt zu definieren, wann dieses Ziel erreicht sein soll (*Terminieren*). Unklarheiten bezüglich des Zeithorizonts sind eine wesentliche Ursache für Missverständnisse und Probleme. Mit diesen drei Punkten wird definiert, was genau bis wann erreicht werden soll. Aus motivationaler Perspektive (Erwartung × Wert, s. Kapitel 2.1.4) müssen zwei weitere Kriterien erfüllt sein. Die Wahrscheinlichkeit, ein Ziel zu erreichen, muss durch eigenes Handeln *beeinflussbar* sein. Nur dann kann vermehrte Anstrengung sich auch in entsprechenden Ergebnissen niederschlagen. Schließlich muss das Ziel als *relevant* erlebt werden. Das bedeutet, dass die Zielerreichung mit positiven Konsequenzen verbunden ist.

Schmidt und Kleinbeck (2006) benennen weitere Voraussetzungen, damit spezifische Ziele ihr leistungssteigerndes Potenzial entfalten können. Auf Seiten der Mitarbeiter sind hohe aufgabenbezogene *Fähigkeiten* vorteilhaft. Da diese Voraussetzung nicht immer optimal gegeben ist, sollten die Ziele an individuelle Fähigkeiten angepasst und damit die Erreichbarkeit gewährleistet sein. Außerdem sollten die Mitarbeiter nicht nur von der Wirksamkeit ihres Handelns überzeugt sein (*Selbstwirksamkeitserwartung*) sondern auch über ein hohes Maß an *Kontrolle* verfügen. Kontrolle ist eher dann gegeben, wenn Aufgaben nicht zu komplex sind und genügend zeitliche Spielräume bestehen. Betont wird auch hier noch einmal die Relevanz der Ziele durch die Forderung nach einer hohen *Zielbindung*. Hohe Zielbindung wird auch dadurch erzeugt, wenn Ziele in einem partizipativen Prozess mitentwickelt wurden und sich die Mitarbeiter mit ihnen identifizieren.

Wenn Ziele demotivieren

Damit wird auch deutlich, dass Ziele, die *direktiv „von oben"* vorgegeben werden, wenig Potenzial aufweisen, tatsächlich Leistung zu steigern. Allzu häufig werden Ziele in der Praxis von den Mitarbeitern als unrealistisch hoch bewertet bzw. die Möglichkeiten, die Erreichbarkeit zu beeinflussen, als zu gering eingeschätzt. Wenn die unmittelbare Führungskraft diese Einschätzung teilt, kann sie auch keine Möglichkeiten der Erreichung aufzeigen, und ihre Mitarbeiter nicht motivieren. Das kann besonders dann der Fall sein, wenn die Ziele über mehrere Hierarchieebenen „hinuntergebrochen" werden. Ziele werden dann als unrealistisch und praxisfern erlebt. Der Überforderungsdruck mündet dann in Unzufriedenheit, Resignation und Demotivation.

Systematisches, zeitnahes *Feedback* ist eine weitere wichtige Voraussetzung, damit Mitarbeiter ihr Handeln zielgerichtet steuern können. Zudem ist es wichtig, dass die Feedbackquellen vertrauenswürdig und kompetent sind und ihr Feedback angemessen dosiert ist. Zu wenig Feedback führt zu einem Informationsdefizit; zu viel Feedback kann das Gefühl erzeugen, überwacht und kontrolliert zu werden. Dass Feedback konkret und orientierend sein sollte, um als unterstützend und hilfreich erlebt zu werden, wurde bereits erwähnt. Ebenso, dass Feedback ausgewogen sein muss, um motivierend zu sein. Häufig wird vergessen, die positiven Verhaltensaspekte zu bestärken und hervorzuheben. Dass gerade die Kombination aus Zielsetzung und Feedback besonders erfolgreich ist, belegt eine Metaanalyse von Neubert (1998).

In der Praxis fällt es unterschiedlich leicht, konkret messbare Ziele zu definieren. So lassen sich in der Produktion oder im Vertrieb Stückzahlen bzw. Verkaufszahlen vergleichsweise einfach als Zielgrößen bestimmen. In diesen Fällen steht vor allem das Ergebnis (*Ergebnisziele*) im Vordergrund.

In anderen Bereichen wie z. B. Verwaltung, Gesundheit, Bildung oder Dienstleistungen allgemein kann dies schwieriger sein. Die Zufriedenheit von Kunden, das Wohlbefinden von Patienten und Klienten oder der Lernerfolg von Schülern lassen sich weniger leicht messen. Außerdem ist die Erreichung der Ziele nicht nur von den Mitarbeitern, sondern auch wesentlich von den Dienstleistungsempfängern abhängig. Diesem Umstand wird dadurch Rechnung getragen, dass man sich weniger auf das Ergebnis, sondern stärker auf den Prozess oder das Verhalten konzentriert, von dem man annimmt, dass er mit großer Wahrscheinlichkeit zum Erfolg führt (*Prozess- bzw. Verhaltensziele*).

Verhaltensziele sind ebenfalls wichtige Steuerungsgrößen

Daher sollte man sich nicht scheuen, auch im Dienstleistungsbereich quantitative und qualitative Standards zu formulieren, deren Erreichung auch überprüft werden kann. Wenn Kennziffern zu Grunde gelegt werden, wird daher auch von objektiven oder „harten" und bei subjektiven Einschätzungen von „weichen" Kriterien gesprochen.

Gerade in größeren Organisationen ist es wichtig, dass standardisierte Zielsysteme entwickelt werden, damit eine einheitliche Steuerung gewährleistet ist. Gleichzeitig sollte den Führungskräften in den einzelnen Bereichen genügend Spielraum eingeräumt werden, um flexibel auf die jeweiligen Anforderungen reagieren zu können. Auch wenn die übergeordneten Unternehmensziele bereits formuliert sind, bestehen dennoch in der Regel individuelle Spielräume (z. B. bei der Verteilung in einem Bereich), die eigenverantwortlich und aktiv zu nutzen sind. Außerdem werden etwaige Probleme bei der Zielerreichung schnell erkennbar und können diskutiert werden. Führungskraft und Mitarbeiter müssen dadurch bereits zu einem sehr frühen Zeitpunkt Überlegungen anstellen, wie die Ziele gemeinsam erreicht werden können. Führungsverantwortung aber auch Verantwortung der Mitarbeiter werden hierdurch gestärkt.

Auf Spielräume und Flexibilität achten!

4.2.2 Organisation und Ablauf

Grundsätzlich führt der *direkte Vorgesetzte* nur mit seinen ihm direkt unterstellten Mitarbeitern das Zielvereinbarungsgespräch. So sollte also z. B. nicht der Abteilungsleiter mit den Mitarbeitern seiner Abteilung diese Gespräche führen, wenn es noch Gruppen- oder Teamleiter gibt. Nur dadurch, dass diese selbst in die Verantwortung genommen werden, können sie ihre Führungsposition wahrnehmen und stärken. Das Zielvereinbarungsgespräch soll jeweils zum *Jahresbeginn* durchgeführt werden.

Die Führungskraft und der Mitarbeiter bereiten sich unabhängig voneinander an Hand eines *Vorbereitungsbogens* auf das Gespräch vor. In dem Gespräch werden die Gesprächsergebnisse im *Ergebnisprotokoll* festgehalten. Im Zielvereinbarungsgespräch werden die individuellen Ziele, die sich in der Regel an den übergeordneten Organisationszielen orientieren, vereinbart. Generell gilt, dass Vorschläge und Hinweise des Mitarbeiters in der Phase der Zielsetzung ausreichend Berücksichtigung finden. Deswegen sollten Mitarbeiter und Vorgesetzter für das Zielvereinbarungsgespräch unabhängig voneinander Zielvorstellungen für die nächste Planungsperiode erarbeiten. Im Gespräch werden dann Gemeinsamkeiten festgestellt, Abweichungen diskutiert, Veränderungen eingebracht und die endgültig vereinbarten Ziele fixiert. Vereinbart werden sollte auch wann und in welchen Abständen die Zielerreichung abgestuft wird.

Um die konsequente Verfolgung der Ziele durch den Mitarbeiter sicher zu stellen, sollten die Ziele so gewählt werden, dass sie von dem jeweiligen Mitarbeiter als motivierend und herausfordernd aber auch erreichbar erlebt werden. Entscheidend ist, dass der Mitarbeiter die Ziele akzeptieren kann, damit er sich mit Nachdruck für die Erreichung einsetzt. Ansonsten besteht die Gefahr, dass die Umsetzung nur halbherzig erfolgt.

Für den Ablauf bietet sich eine Vorgehensweise an, bei der zunächst die Zielerreichung des letzten Zeitraums besprochen wird, bevor die neuen Ziele vereinbart werden. Eine Checkliste für den Ablauf findet sich im Anhang.

4.3 Beurteilungs- und Personalentwicklungsgespräch

4.3.1 Konzept und Strategie

Jeder Mitarbeiter hat ein Recht darauf, dass seine Leistungen und sein berufsbezogenes Verhalten im Unternehmen regelmäßig beurteilt werden. Die Personalbeurteilung stellt damit eine wichtige und verantwortungsvolle Aufgabe dar. Neben den regelmäßigen Leistungsbeurteilungen treten der Ablauf der Probezeit, Versetzungen, Zeugnisausstellung oder der Wechsel der Führungskraft als *Beurteilungsanlässe* auf. Grundlage ist in der Regel eine systematische Leistungsbeurteilung mit Hilfe eines standardisierten Beurteilungsverfahrens.

Personalbeurteilungen haben unterschiedliche *Funktionen*. Sie dienen als Führungsinstrument, zur Personalentwicklung, zur Personalplanung, als Motivations- und Sanktionsmittel zur Steuerung und können als Grundlage einer leistungsbezogenen Vergütung genutzt werden. Gleichzeitig steigt die Bedeutung einer Leistungsbeurteilung, wenn sie unmittelbar an ein leistungsorientiertes Vergütungssystem gekoppelt ist.

In der Beurteilung geht es *rückblickend und bilanzierend* vor allem um eine differenzierte Einschätzung der Leistung im vergangenen Beurteilungszeitraum: Inwieweit ist der Mitarbeiter in der Vergangenheit den Anforderungen gerecht geworden? Das Ergebnis des Beurteilungsgespräches geht in die Personalakte ein. Dennoch wird zum Ende der Beurteilung häufig auch der Blick in die Zukunft gewandt, wenn abschließend berufliche *Entwicklungsperspektiven* diskutiert werden. Dabei geht es zum einen um Wünsche des Mitarbeiters zu seiner beruflichen Entwicklung und zum anderen um die Erkennung von Entwicklungspotenzialen für die Zukunft. Werden diese Aspekte ausführlich thematisiert, verschiebt sich der Charakter des Gesprächs in Richtung Personalentwicklung. Um diese Zukunftsperspektive stärker zu betonen, wird dann auch eher die Bezeichnung *„Personalentwicklungsgespräch"* an Stelle von „Beurteilungsgespräch" gewählt. Personalentwicklungsgespräche geben Entscheidungshilfen für personelle Überlegungen z. B. hinsichtlich Weiterbildung, Versetzung, Beförderung usw. Zusammenfassend dienen Beurteilungs- bzw. Personalentwicklungsgespräche folgenden Zielen:

Beurteilen und Perspektiven aufzeigen

- Feedback und Klarheit für den Mitarbeiter, wie seine Fähigkeiten, Verhaltensweisen und Leistungen beurteilt werden (Standortbestimmung)
- Erkennen von Leistungsverbesserungen aber auch Verschlechterungen über längere Zeiträume
- Feststellung für die Organisation, inwieweit der Mitarbeiter die Anforderungen seiner Stelle erfüllt, und ob der Mitarbeiter zur Zeit optimal eingesetzt ist
- Steuerung des Mitarbeiterverhaltens (Motivation und Sanktion) und damit Unterstützung der unmittelbaren Führung
- Grundlage für leistungsorientierte Vergütung, Förderung und Beförderung
- Klärung, welche Vorstellungen der Mitarbeiter über seine gegenwärtige Tätigkeit und seine weitere Entwicklung im Unternehmen hat
- Identifikation von Personalentwicklungsbedarf (z. B. Weiterbildung)
- Potenzialfeststellung für andere oder höherwertige Aufgaben.

4.3.2 Organisation und Ablauf

Beurteilt wird grundsätzlich nur durch die *direkte Führungskraft*. Sie kennt die Fähigkeiten und Leistungen ihrer Mitarbeiter aus der täglichen Zusammenarbeit und kann diese daher am besten angemessen beurteilen. Sie ist auch für den Einsatz und die Förderung ihrer Mitarbeiter verantwortlich.

Beurteilungen des Leistungsstandes sind längerfristig nur aussagekräftig, wenn sie in *regelmäßigen Abständen* stattfinden. Üblich sind Intervalle von einem bis zu drei Jahren. Längere Intervalle sind nicht sinnvoll, da die erbrachten Leistungen zu weit zurückliegen oder wichtige Entwicklungschancen verpasst werden.

Selbstbeurteilungsfähigkeit der Mitarbeiter fördern

Auch hier ist es ein wesentliches Anliegen, die Mitarbeiter zu beteiligen und in der Rolle eines *aktiven Gesprächspartners* zu unterstützen. Damit soll die Selbstständigkeit und Eigenverantwortung der Mitarbeiter auch hinsichtlich der Beurteilung der eigenen Leistung gestärkt werden. Mitarbeiter und Führungskraft bereiten sich daher auch bei diesem Gespräch unabhängig voneinander vor. Auf Grundlage seiner *Selbsteinschätzung* fertigt auch der Mitarbeiter eine Beurteilung an. Damit sind die Mitarbeiter mit dem Beurteilungssystem und den anderen Inhalten des Personalentwicklungsgesprächs vertraut. Die unabhängige Vorbereitung sollte jedoch nicht zu einer Verhandlungssituation führen, bei der zunächst Maximalpositionen eingenommen werden, um dann genügend Verhandlungsspielraum zu haben. Maßgeblich ist die Beurteilung der Führungskraft. Allerdings sollte diese Beurteilung in begründeten Fällen korrigiert werden. Der Vergleich von Fremd- und Selbsteinschätzung liefert beiden Seiten wichtige Hinweise dazu, inwieweit ihre Erwartungen, Maßstäbe und Einschätzungen beieinander liegen. Systematische Unterschiede sind häufig ein Hinweis darauf, dass der Beurteilungsmaßstab unterschiedlich verwendet wird oder dass die Beurteilungsdimensionen verschieden interpretiert werden. Im Anschluss an das Personalentwicklungsgespräch wird der Personalentwicklungsbogen an die Personalabteilung weitergeleitet und Bestandteil der Personalakte. Eine Checkliste für den Ablauf findet sich im Anhang.

4.3.3 Beurteilungsinstrument

Aussagefähige Beurteilungsdimensionen mit konkreten Verhaltensankern

Gerade in größeren Organisationen ist es wichtig, dass standardisierte Beurteilungsinstrumente entwickelt und eingesetzt werden, damit eine einheitliche Beurteilung und Steuerung gewährleistet ist. Die Auswahl der Beurteilungsdimensionen orientiert sich an den Anforderungen der Stelle. Grundlage hierfür sind Anforderungsanalysen und *Anforderungsprofile*, die die Anorderungen für einzelne Funktionen differenziert abbilden. Die *Beurteilungsdimensionen* müssen konkret und detailliert beschrieben sein, damit sie einheitlich verwendet werden. Das gleiche gilt für den *Beurteilungsmaßstab*. Meist werden Einstufungsverfahren gewählt. Zusätzliche Verhaltensanker helfen bei der richtigen Verwendung des Maßstabs. Der angemessene Umgang mit Beurteilungsinstrumenten erfordert eine ausführliche Schulung für die Führungskräfte. Im Folgenden sind exemplarisch einige Beurteilungsdimensionen aufgelistet, die häufig in Beurteilungsinstrumenten zu finden sind.

Beurteilungsdimensionen
1. Qualifikation, Fachwissen, Kenntnisse
– hält Fachwissen eigenständig auf dem neuesten Stand – setzt neu erworbene Fachkenntnisse schnell und sicher um – verfügt über gründliche Fachkenntnisse
2. Arbeitsqualität
– erkennt und korrigiert eigene Fehler rechtzeitig – liefert Arbeitsergebnisse von hoher Qualität – erledigt seine Arbeiten fehlerfrei, sorgfältig und gewissenhaft
3. Arbeitsquantität
– hält Termine und Zeitvorgaben zuverlässig ein – arbeitet schnell und zügig; schafft die übertragenen Aufgaben in der vorgegebenen Zeit
4. Planung, Organisation
– setzt klare Prioritäten; konzentriert sich auf das Wesentliche und verzettelt sich nicht – plant seine Arbeit selbstständig, überlegt vorher, wie die Arbeit anzugehen ist und welche Ergebnisse zu erwarten sind – organisiert und plant die eigenen Arbeitsaufgaben rationell und effizient
5. Unternehmerisch Denken und Handeln
– denkt und handelt kostenbewusst; geht sparsam und verantwortungsbewusst mit Mitteln/Materialien um – denkt und handelt im Sinne des Unternehmens; stellt gegebenenfalls persönliche Interessen auch zurück – identifiziert sich mit dem Unternehmen und seinen Zielen
6. Entscheidungsfähigkeit, Selbstständigkeit
– nutzt bei anstehenden Entscheidungen die eigenen Kompetenzen umfassend – handelt und entscheidet in ihrem/seinem Aufgabenbereich selbstständig – trifft notwendige Entscheidungen im Arbeitsgebiet rechtzeitig und entschlossen

7. Innovationsbereitschaft
– ist „Neuem“ gegenüber aufgeschlossen und unterstützt aktiv Veränderungen und Verbesserungsmaßnahmen – sucht nach Möglichkeiten und Ideen, um die betrieblichen Abläufe zu verbessern und effizienter zu gestalten – stellt sich und seine Arbeit in Frage, um insgesamt Verbesserungen zu erzielen
8. Zusammenarbeit, Teamfähigkeit
– genießt bei den Kollegen Vertrauen und hat einen positiven Einfluss im Team – arbeitet gerne im Team; kann sich gut ins Team einordnen – übernimmt im Team häufig Verantwortung für gemeinsame Aufgaben und Ziele

4.3.4 Beurteilungsfehler und praktische Hinweise

Beurteilungsfehler erkennen und vermeiden

Bei jeder Beurteilung besteht die Gefahr von Fehleinschätzungen, die verringert werden kann, wenn man die typischen Fehlerquellen kennt und Möglichkeiten zur Vermeidung von Beurteilungsfehlern nutzt. Bei den folgenden Beispielen handelt es sich um einige typische Beurteilungsfehler.

- *Generalisierungseffekt*

Auffällige Verhaltensweisen bzw. Eigenschaften überstrahlen häufig die Wirkung anderer, die weniger deutlich wahrgenommen werden. Meist handelt es sich dabei um Verhaltensweisen, mit denen eine deutlich positive oder negative Wertung verbunden wird. Zum Beispiel werden häufig besonders redegewandte Menschen fälschlicherweise automatisch als überdurchschnittlich intelligent und kompetent eingeschätzt, wie die folgende Gedankenkette verdeutlicht: wer offen und freundlich ist, ist auch sozial kompetent und kooperativ, kann eher auf andere Menschen zugehen und daher sicher besser verkaufen, dafür muss er ja die erforderliche Fachkompetenz haben und intelligent genug sein.

- *Neigung zum Durchschnitt/Tendenz zur Mitte*

Hierunter versteht man die Neigung, bei Beurteilungen eher undifferenziert die mittleren Werte zu bevorzugen. Dies bedeutet, dass das Gute ab- und das Schlechte aufgewertet wird. Diese Feedbacks sind wenig aussagekräftig, weil sie keine Stärken und Schwächen erkennen lassen. Der

Beurteiler hat sich entweder nicht genügend mit dem Mitarbeiter beschäftigt oder er ist sich unsicher und hat Sorge, sein Urteil nicht vertreten zu können.

- *Milde- bzw. Härtefehler/Tendenz zur Nachsicht bzw. Strenge*

Bei der nachsichtigen Beurteilung beurteilt der Vorgesetzte die Mitarbeiter insgesamt zu milde oder scheut sich, etwas Negatives zu sagen, weil er einen möglichen Konflikt vermeiden will oder Motivationseinbußen befürchtet. Oftmals wird mehr die Anstrengungsbereitschaft bewertet als die konkreten Arbeitsleistungen. Unausgewogene Beurteilungsmaßstäbe unterstützen mitunter diese Tendenz: hervorragend, sehr gut, gut, verbesserungsfähig. Bei der strengen Beurteilung erfolgt eine Verschiebung zur negativen Seite, d. h. gute Leistungen werden als normal eingestuft und das allgemeine Niveau der Beurteilungsergebnisse wird nach unten gedrückt. Häufig sind es eigene hohe Ansprüche, die hier im Hintergrund wirken.

- *Sympathie-, Antipathiefehler*

Durch Sympathie/Antipathie können Beurteilungen zu positiv oder zu negativ ausfallen. Begründet werden Sympathiefehler z. B. durch ähnliche Freizeitinteressen. Gefühle können bei der Beurteilung nicht vollständig unterdrückt werden, der Beurteiler soll sich ihrer aber bewusst sein. Abschließend lassen sich zusammenfassend folgende praktische Hinweise für ein erfolgreiches Beurteilungs- bzw. Personalentwicklungsgespräch benennen.

Grundsätzliche Hinweise zur Durchführung von Mitarbeitergesprächen
– den Mitarbeiter frühzeitig über den Gesprächstermin informieren, damit er sich darauf vorbereiten und das Gespräch ungestört verlaufen kann – den Mitarbeiter im Vorfeld über Ziel und Ablauf des Gesprächs informieren und die Bedeutung seiner eigenen Vorbereitung verdeutlichen – sich als Führungskraft für die Vorbereitung und Durchführung Zeit nehmen – als Führungskraft nicht unter Zeitdruck, Ärger oder Stress beurteilen. – für einen ungestörten Gesprächsrahmen mit genügend Zeit sorgen – sprechen Sie einzelne Kriterien mit dem Mitarbeiter durch und begründen Sie sie sachlich. Benennen Sie konkrete Verhaltensweisen für den Mitarbeiter nachvollziehbar – erkennen Sie gute Leistungen an, wobei dies den Tatsachen entsprechen muss. Unaufrichtiges Lob erweckt Misstrauen (Lob = *L*abern *o*hne *B*edeutung

- besprechen Sie Fehlverhalten angemessen und begründen Sie dies nachvollziehbar
- vermeiden Sie einen Monolog, sondern geben Sie dem Mitarbeiter Gelegenheit zur Stellungnahme
- überlegen Sie gemeinsam, wie der Mitarbeiter seine Schwächen beseitigen und Stärken ausbauen kann
- wenn Sie in Ihrer Beurteilung nicht mit dem Mitarbeiter übereinstimmen, korrigieren Sie Ihre Beurteilung dann, wenn Sie aus dem Gespräch Erkenntnisse gewinnen, die Ihren Beobachtungen eine andere Wertung geben
- besprechen Sie die weiteren Entwicklungs- und Förderungsmöglichkeiten, ohne dabei unrealistische Hoffnungen zu wecken
- beenden Sie das Gespräch freundlich und wertschätzend

4.4 Training und Coaching on the Job

Als Führungskraft den Trainingstransfer erhöhen

Die Entwicklung und Förderung der beruflichen Handlungskompetenz der Mitarbeiter gehört zum Verantwortungsbereich der Führungskräfte. Hierfür stehen eine Reihe von Maßnahmen und Instrumenten zur Verfügung. Es lässt sich grob zwischen Maßnahmen *„on the job"* und *„off the job"* unterscheiden. Weiterbildungsveranstaltungen wie Seminare, Trainings, Lehrgänge etc. zählen zu den Maßnahmen, die aus einer konzeptionellen Perspektive außerhalb der Arbeit bzw. berufsbegleitend statt finden. Damit kann Lernen konzentriert und systematisch in einem geschützten Lernkontext stattfinden und wird durch professionelle Trainer und Dozenten angeleitet. Dieser Rahmen ermöglicht zusammenhängendes, systematisches und konzentriertes Lernen ohne störende Einflüsse des Arbeitsalltags. Lernen „off the Job" kann aber an Grenzen stoßen, wenn es um den Transfer der erworbenen Kompetenzen in die Praxis geht.

Typische *Transferhemmnisse* sind die spezifischen Anforderungen am Arbeitsplatz, die eine direkte Umsetzung erschweren sowie fehlende Ressourcen in der Praxis. Hierzu zählen ein unzureichender Handlungsspielraum, zu geringe Entscheidungskompetenzen sowie mangelnde Unterstützung durch Kollegen und Vorgesetzte. Oftmals fehlt einfach die begleitende Unterstützung bei der Umsetzung des im Training erstmalig Erprobten in die Praxis mit ihren vielfältigen und spezifischen Bedingungen.

An dieser Stelle ist es erforderlich, dass Führungskräfte Lern- und Entwicklungsprozesse durch geeignete Maßnahmen *„on the job"* unterstützen, um den individuellen Transfer zu ermöglichen. Hierzu gehören Maßnahmen *qualifizierender Arbeitsgestaltung* wie die Zuweisung neuer Aufgaben und Verantwortungsbereiche, das Einräumen erforderlicher Entscheidungskompetenzen verbunden mit der Bereitstellung zusätzlicher materieller, zeitlicher, personeller und technischer Ressourcen. An dieser Stelle kann die Führungskraft auch als *Ausbilder, Trainer oder Coach vor Ort* den Kompetenzerwerb gezielt und systematisch unterstützen. Gemeint sind hier nicht vereinzelte Tipps, Erklärungen und Hinweise, die zwischendurch gegeben werden können, sondern systematische Gespräche, die Lehr-Lernprozesse zum Inhalt haben.

Führungskräfte müssen das Spektrum unterschiedlicher Lehr- und Lernformen kennen, um Lernprozesse anleiten, begleiten und steuern zu können. Nur dann sind sie in der Lage, im Rahmen von Zielvereinbarungs- oder Personalentwicklungsgesprächen gemeinsam mit den Mitarbeitern *Ausbildungs- oder Entwicklungspläne* zu entwickeln und zu vereinbaren.

Ausgangspunkt ist ein *Soll-Ist Vergleich*, bei dem die aktuell vorhandenen Kompetenzen mit den erforderlichen Kompetenzen verglichen werden. Vor dem Hintergrund der festgestellten Diskrepanz werden konkrete Lernziele vereinbart und Methoden und Schritte festgelegt, mit denen diese Ziele erreicht werden können. Allzu häufig wird die Personalentwicklungsverantwortung an Aus- und Weiterbildungsbereiche delegiert, indem pauschal Schulungen und Seminare zur Behebung von Leistungsproblemen vorgeschlagen werden. Dabei wird übersehen, dass oftmals nicht die theoretischen Kenntnisse fehlen, sondern die konkrete Umsetzung des erforderlichen *Verhaltens* in der Praxis aus unterschiedlichen Gründen Schwierigkeiten bereitet. Diese Probleme können nur vor Ort, d. h. in der Praxis durch direkte *Beobachtung* und Feedback diagnostiziert bzw. behoben werden.

4.4.1 Konzept und Strategie

Unterschiedliche Rollen als Coach und als Führungskraft

Training und Coaching durch die direkte Führungskraft sind hierfür geeignete Instrumente, da sie vor allem eine *individuelle, direkte und arbeitsplatznahe* Beratung und Unterstützung im *Verhaltensbereich* bieten. Auf die Unterscheidung zwischen Training und Coaching soll an dieser Stelle nur insoweit eingegangen werden, als beim Training die Steuerung und Verantwortung stärker beim Trainer gesehen wird, während beim Coaching die Verantwortung eher beim Ratsuchenden angesiedelt ist.

Darüber hinaus beansprucht Coaching eine ganzheitliche Perspektive, die die gesamte *Persönlichkeit* des Mitarbeiters berücksichtigt, während Training auch auf den Erwerb einzelner „Skills" abzielen kann. „Klassisches" Coaching durch externe Berater findet auf der Basis einer durch gegenseitige Akzeptanz und Vertrauen gekennzeichneten und freiwillig gewünschten Beratungsbeziehung statt. Neben der *Freiwilligkeit* sind Diskretion, *Vertraulichkeit* und eine gewisse *Unabhängigkeit* wichtige Voraussetzungen, um eigene Probleme offen ansprechen zu können.

Coaching erfordert Freiwilligkeit und Vertrauen

Es ist daher durchaus berechtigt, kritisch die Frage zu stellen, inwieweit die Führungskraft, die ja gleichzeitig auch fordert und beurteilt, die Rolle eines Coaches angemessen wahrnehmen kann. Spätestens wenn die Beziehung zur Führungskraft Teil des Leistungsproblems ist, wird der *Rollenkonflikt* offenbar und Coaching durch die Führungskraft unmöglich. Grenzen sind auch durch die mögliche „Betriebsblindheit" der Führungskraft gesetzt. Hier kann die nötige Distanz fehlen, um neue unabhängige Denkanstöße zu geben. Andererseits hat die Führungskraft als Coach gegenüber einem externen Coach den Vorteil, den Mitarbeiter über einen längeren Zeitraum begleiten zu können und sie verfügt in der Regel über ein höheres Maß an fachlicher Kompetenz im jeweiligen Arbeitsbereich. Der Chancen und Risiken und insbesondere der potenziellen Rollenkonflikte sollte sich vor allem die Führungskraft, die ihre Unterstützung anbietet, bewusst sein.

Trotz dieser Einschränkung handelt es sich beim Coaching um einen vielversprechenden Beratungsansatz, den auch Führungskräfte nutzen können. Die Coachingphilosophie der „Hilfe zur Selbsthilfe" stellt für viele Führungskräfte eine wichtige Ergänzung ihres Handlungsrepertoires dar. Vor allem ist sie eine Alternative zu ihrem klassischen Rollenverständnis, das die Verantwortung für das Finden oder Entwickeln von Lösungen in erster Linie bei der Führungskraft sieht. Es ist für Führungskräfte, die Coaching erstmalig als Beratungsansatz selber lernen und trainieren, eine ungewohnte Herausforderung, nicht gleich Ratschläge zu erteilen oder Lösungsvorschläge zu unterbreiten, sondern vor allem durch Frage- und Feedbacktechniken den Ratsuchenden *selber Lösungen entwickeln* zu lassen.

Coaching bedeutet in erster Linie „Hilfe zur Selbsthilfe"

Um angemessenes Feedback geben zu können, ist es notwendig, den Mitarbeiter direkt bei seiner Arbeit z. B. im Kundengespräch zu *beobachten*. Es ist nicht das gesamte Verhalten, sondern es sind meist bestimmte erfolgskritische Punkte, die verbesserungswürdig sind. Dies zu erkennen, ist Aufgabe des Coaches.

Damit ist Coaching eine individuelle Beratung bzw. *Problemlösestrategie* auf der Prozessebene, d. h. der Coach liefert zunächst keine direkten Lösungsvorschläge oder „zeigt einfach, wie es richtig geht", sondern begleitet den Mitarbeiter und regt dabei dessen eigene Lösungsfindung an. Der Mitarbeiter lernt so im Idealfall, seine Probleme selber zu lösen, klare Ziele zu setzen und eigenständig gute Ergebnisse zu erzielen.

4.4.2 Organisation und Ablauf

Für den Ablauf eines Coachings bietet sich folgende Vorgehensweise an, die sich vor allem im Vertrieb (Kundenansprache, Kundenberatung, Verkauf) bewährt hat. Zunächst sind im Vorfeld die erforderlichen Voraussetzungen zu schaffen. Hier geht es darum festzustellen, ob Coaching überhaupt die geeignete Methode ist oder ob andere Alternativen gewählt werden sollten. Handelt es sich um Wissensdefizite oder organisatorische Probleme, die der Mitarbeiter nich beeinflussen kann, ist Coaching nicht die geeignete Methode. Erst wenn sicher gestellt ist, dass das Problem im Verhaltensbereich zu vermuten ist, sollte Coaching als Instrument gewählt werden:

„Theoretisch ist mir alles klar, aber in der Situation weiß ich nicht wie ich reagieren soll."

„Ich habe schon einiges versucht, aber es will irgendwie nicht gelingen."

„Am Anfang läuft alles prima, aber an dem Punkt komme ich nicht weiter."

„Ich weiß nicht wie es die anderen machen, vielleicht bin ich nicht der richtige Typ dafür."

„An diesem Punkt bin ich jedes Mal unsicher und weiß nicht, wie ich am besten weitermache."

Coaching erfordert Motivation und Vertrauen

Wichtig ist außerdem die Motivation des Mitarbeiters. Wird das Coaching als echte Chance und Unterstützung wahrgenommen oder steht die Sorge, kontrolliert und anschließend sanktioniert zu werden im Vordergrund? Die Bereitschaft zur Veränderung kann auch durch andere Gründe begrenzt sein. Diese Voraussetzungen müssen im Vorfeld geklärt werden.

Im Vorfeld zu klärende Fragen und Themen
– Was ist das Ziel und in welchem Bereich werden nicht die gewünschten Ergebnisse erreicht? – Wie dringend ist der Wunsch nach Veränderung? – Welche Ursachen lassen sich identifizieren? – Feststellen, inwieweit im Verhaltensbereich Veränderungsbedarf besteht – Vereinbarung eines Ausbildungs- bzw. Entwicklungsplans, der ggf. auch Coaching beinhaltet – Motivation sicher stellen, ggf. Ängste und Sorgen ausräumen – Vereinbarungen zu Ablauf und Vorgehen treffen

Der Cochingprozess selbst besteht aus mehreren zyklischen Phasen, insbesondere Beobachtung und Auswertungsgespräch, die mehrfach durchlaufen werden können. Das Auswertungsgespräch stellt die wichtigste Phase im Coachingprozess dar, weil hier neue Sichtweisen und Verhaltensalternativen entwickelt werden. Eine Checkliste für den Ablauf findet sich im Anhang.

4.5 Weitere Instrumente

Darüber hinaus gibt es weitere Instrumente und Managementtechniken, mit denen konkretes Führungshandeln unterstützt werden kann. Hierzu gehören Verfahren zur Eignungsfeststellung bzw. *Eignungsdiagnose*, die insbesondere bei der Personalrekrtierung und -auswahl zum Einsatz kommen. Neben den bekannten Assessment Centern (AC) und Tests haben sich vor allem strukturierte Interviewverfahren bewährt. Typische Elemente strukturierter Einstellungsinterviews sind unter anderem situative Fragen und biografische Fragen.

Personalauswahl und Eignungsdiagnostik

Bei den situativen Fragen handelt es sich um die Schilderung von kurzen Situationen, die für die angestrebte Stelle typisch oder besonders erfolgsentscheidend sind. Der Bewerber hat dann die Aufgabe, dem Interviewer darzulegen, wie er sich konkret in der betreffenden Aufgabe verhalten würde, um die Situation zu bewältigen. Die biografischen Fragen hingegen zielen nicht auf zukünftiges oder beabsichtigtes Verhalten, sondern auf bisheriges Verhalten und konkrete Erfahrungen aus der Vergangenheit in Situationen, die für die künftige Tätigkeit relevant sind. Werden diese Interviews systematisch, strukturiert und standardisiert durchgeführt, lassen sich mit Ihnen gute Prognosen über den künftigen Erfolg des Bewerbers anstellen (prognostische Validität).

Sowohl beim *Eintritt* in ein Unternehmen als auch bei *Beendigung* eines Arbeitsverhältnisses sollten ebenfalls systematische Gespräche geführt werden. Beim Start in einem neuen Unternehmen oder in einer neuen Abteilung geht es um die Klärung der gegenseitigen Erwartungen mit dem unmittelbaren Vorgesetzten, der vor allem bei größeren Unternehmen häufig nicht an der Auswahlprozedur beteiligt war. Vor allem aber sollte ein konkreter Einarbeitungsplan aufgestellt und vereinbart werden, welche Unterstützungsmöglichkeiten in der Anfangsphase zur Verfügung gestellt werden können. Wenn Mitarbeiter das Unternehmen verlassen, sollte die Gelegenheit für ein abschließendes resumierendes Feedback genutzt werden. Gegebenenfalls können auch Unterstützungsangebote für die weitere berufliche Entwicklung besprochen werden (Outplacement).

Zur Förderung und Entwicklung der Zusammenarbeit im Team reicht es nicht, einzeln mit den Mitarbeitern Gespräche zu führen. Vielmehr sollten regelmäßig strukturierte *Teambesprechungen* durchgeführt werden. Dabei muss die Leitung dieser Teambesprechungen nicht immer durch den Vorgesetzten übernommen werden. Die Verantwortung und Kompetenz der Mitarbeiter wird gefördert, wenn die Moderation der Sitzungen über die Mitarbeiter rotiert oder zumindest einzelne Tagesordnungpunkte regelmäßig übernommen werden. In größeren zeitlichen Abständen, bei neuen Aufgaben, oder wenn sich ein Team neu zusammengesetzt hat, sollten systematische *Teamentwicklungsmaßnahmen* durchgeführt werden. In den meist ein- bis zweitägigen Veranstaltungen (Teamtraining) können vor allem Fragen

Teamtraining und Teamentwicklung

der Kommunikation und Kooperation im Team sowie mögliche Konflikte geklärt und konkrete Vereinbarungen für die weitere Zusammenarbeit getroffen werden. Ziele, Strategien und konkrete Vorgehensweisen können gemeinsam abgestimmt und der Zusammenhalt gestärkt werden.

5 Fallbeispiel aus der Praxis: Ablauf eines Führungsbarometers

In einem Finanzdienstleistungsunternehmen erhalten die Führungskräfte jedes Jahr eine Rückmeldung zu ihrem Führungsverhalten von ihren unmittelbaren Mitarbeitern. Hierfür steht den Mitarbeitern ein Fragebogen zur Verfügung, in dem wesentliche Punkte angesprochen sind, die von den Führungskräften erwartet werden[1]. Diese Punkte wurden auf der Grundlage einer Anforderungsanalyse entwickelt. Außerdem wurden die Unternehmens- bzw. Führungsleitlinien der Organisation herangezogen.

Fragebogen zu Selbst- und Fremdeinschätzung

Insgesamt werden in dem Fragebogen, der von Mitarbeitern und Führungskräften ausgefüllt wird, vier Anforderungsbereiche angesprochen:
1. Steuerung und Koordination,
2. Teamförderung,
3. Leistungsförderung und
4. Mitarbeiterorientierung.

Diesen Anforderungsbereichen sind jeweils zentrale Aufgaben zugeordnet. Wie diese Aufgaben bewältigt werden sollen, kommt in den einzelnen Itemformulierungen zum Ausdruck. Die Mitarbeiter schätzen ein, inwieweit es ihrer direkten Führungskraft gelingt, die Anforderungen zu erfüllen. Tabelle 11 zeigt einige Anforderungsbereiche und Itembeispiele. Darüber hinaus enthält der Fragebogen offene Fragen für weitergehende Kommentare oder Hinweise.

Um ein offenes und ehrliches Antworten zu erleichtern, bleiben die Angaben der einzelnen Mitarbeiter anonym. Rückgemeldet werden nur die Durchschnittswerte. Die Ergebnisse werden dann in einem Teamgespräch gemeinsam ausgewertet. In einer offenen Atmosphäre sollen positive und kritische Punkte gleichermaßen zur Sprache kommen. Dabei sollen gegenseitige Erwartungen geklärt und ggf. Vereinbarungen getroffen werden.

---

1 Instrumente und Vorgehensweisen (s. Checklisten) wurden in zahlreichen Praxisprojekten gemeinsam mit H.-J. Resetka (HR Competence) entwickelt und erfolgreich eingesetzt.

Ergebnis und Vereinbarungen gehen dann über den nächsten Vorgesetzten in die Personalakte. Bei Bedarf kann eine externe Moderation hinzugezogen werden.

Tabelle 11:
Dimensionen der Aufwärtsbeurteilung

Steuerung und Koordination

Aufgaben delegieren, Verantwortung zuweisen
- delegiert in großem Umfang: „delegiert, was delegierbar ist"
- formuliert klare Aufgabenstellungen und Erwartungen

Entscheidungen treffen, durchsetzen
- trifft schnell und sicher alle notwendigen Entscheidungen
- nutzt seine Kompetenzen umfassend und entscheidet ohne zu zögern

Leistungsförderung

Ziele vereinbaren, Zielerreichung kontrollieren
- vereinbart Leistungs- und Verhaltensziele gemeinsam mit MA
- vereinbart motivierende, herausfordernde und erreichbare Ziele

Leistung fördern und anerkennen
- erkennt erbrachte Leistung regelmäßig und zeitnah an
- besondere Leistungen werden besonders gewürdigt

Mitarbeiterorientierung

Mitarbeiter motivieren, Vorbild sein
- vermittelt positive Einstellungen zur Arbeit und zum Haus
- versteht es gut, MA zu begeistern und zu motivieren

Kritiken, Anregungen annehmen
- fordert Feedback ein; ermutigt MA zu offenem und ehrlichem Feedback
- ist offen für Kritik; „lässt sich etwas sagen"; nimmt Feedback immer ernst

Gesamtablauf

1. Das Führungsbarometer wird *jährlich* jeweils im letzten Quartal durchgeführt. Insofern stehen für die Führungskräfte der xy GmbH sowohl eine Beurteilung von „oben" als auch eine Beurteilung von „unten" in unmittelbarer zeitlicher Nähe zur Verfügung.
2. Als wichtige Voraussetzung für ein offenes und ehrliches Feedback wird das Führungsbarometer *anonym* durchgeführt. Das heißt, die Mitarbeiter füllen den Beurteilungsbogen aus und schicken diesen einzeln, ohne Angabe des Namens an die Personalabteilung. Um die Anonymität der Mitarbeiter zu wahren, liegt die Untergrenze für die Erstellung eines Führungsbarometers in den Abteilungen oder Bereichen bei mindestens drei Mitarbeitern. Unter dieser Bereichsgröße ist das Führungsbarometer nur auf freiwilliger Basis aller Beteiligten möglich.
3. Um einen Abgleich zwischen Selbst- und Fremdbild zu ermöglichen, erstellt die Führungskraft eine *Selbsteinschätzung* zum Führungsbarometer, die ebenfalls an die Personalabteilung weitergeleitet wird.

4. In der Personalabteilung erfolgt die *Auswertung* der Ergebnisse. Die Ergebnisse (Profilvergleiche der Selbst- und Fremdeinschätzung) werden der beurteilten Führungskraft zugeleitet, die dann in einem Zeitraum von ca. zwei Wochen die Ergebnisse in einem Auswertungsgespräch mit den Mitarbeitern diskutiert und entsprechende Vereinbarungen zur Führung und Zusammenarbeit im Bereich trifft.
5. Die Moderation des *Auswertungsgesprächs* wird in der Regel von der Führungskraft selbst übernommen. Bestehen erhebliche Diskrepanzen zwischen der Selbst- und Fremdeinschätzung oder liegen besonders kritische Ergebnisse vor, wird das Auswertungsgespräch durch einen externen Moderator begleitet. Auch ohne diese Vorbedingungen haben Mitarbeiter und Führungskraft die Möglichkeit, eine externe Moderation anzufordern. Die Durchführung des Auswertungsgesprächs folgt einem Moderationsfahrplan (s. u.).
6. Die Ergebnisse und die Vereinbarungen aus dem Auswertungsgespräch gehen dann über den nächsten Vorgesetzten in die Personalakte ein.

Auswertungsgespräch folgt einem Moderationsfahrplan

Ziel des Auswertungsgesprächs ist es, dass die Führungskraft und das gesamte Team mindestens einmal im Jahr zusammen kommen, um zu besprechen, ob und wie die Zusammenarbeit und die Führung verbessert werden können. Im Gegensatz zu den sonstigen Teamsitzungen oder Dienstberatungen geht es hier weniger um fachliche oder tagesaktuelle Themen sondern darum, wie zufrieden jeder im Team mit der Zusammenarbeit und Führung ist. Das Instrument des Auswertungsgesprächs bietet einen Rahmen, in dem positive und kritische Punkte gleichermaßen in einer offenen Atmosphäre zur Sprache kommen sollen. Dabei sollen gegenseitige Erwartungen geklärt und ggf. Vereinbarungen für die zukünftige Zusammenarbeit getroffen werden. Alle Beteiligten tragen gemeinsam die Verantwortung für die Umsetzung der vereinbarten Ergebnisse.

Im Vorfeld ist ein geeigneter Termin abzustimmen, an dem möglichst alle Mitarbeiter teilnehmen können. Dabei sollte der Termin so gewählt werden, dass ausreichend Zeit zu Verfügung steht und ein ungestörtes Arbeiten möglich ist. Es empfiehlt sich ca. zwei Stunden einzuplanen, um genügend Zeitreserve zu haben. Insbesondere im Vorfeld des ersten Teamgesprächs sollte die Führungskraft die Mitarbeiter nochmals über Ziel und Ablauf informieren. Wichtig ist, sich als Gesprächsleiter oder Moderator auf die Runde vorzubereiten und einen Ablauf zu planen. Moderationsmaterial sollte zur Verfügung stehen, damit bestimmte Punkte für alle sichtbar festgehalten werden können. Der folgende Ablaufplan (siehe Tabelle 12) stellt eine mögliche Vorgehensweise dar, die sich bereits in vielen ähnlichen Gesprächsrunden bewährt hat.

Tabelle 12:
Ablauf des Auswertungsgesprächs

Schritte	hierbei geht es um ...	Dauer ca.
1. Einstieg	die Verständigung über Ziel, Ablauf und Zeit	5 min
2. Bestandsaufnahme	Führung und Zusammenarbeit: zwei Perspektiven: jeweils Mitarbeiter und Führungskraft	20 min
3. Präsentation	das Kennenlernen und Verstehen beider Sichtweisen	30 min
4. Auswertung	gemeinsame Verständigung über die Bedeutung des Ergebnisses	30 min
5. Problemlösung	Analyse ausgewählter Problempunkte und die Entwicklung von Lösungsvorschlägen	20 min
6. Vereinbarung	Vereinbarung konkreter Schritte und Maßnahmen	10 min
7. Abschluss	die Auswertung des Teamgesprächs	10 min

Zum *Einstieg* sollten kurz Ziel, Ablauf und der zeitliche Rahmen vorgestellt werden. Auftretende Fragen sollten gleich geklärt werden. Wenn Konsens über die gemeinsame Vorgehensweise besteht, kann die inhaltliche Arbeit beginnen.

Zunächst geht es darum, eine *Bestandsaufnahme* vorzunehmen, und sich gemeinsam einen Überblick zu verschaffen, wie Führung und Zusammenarbeit von allen im Team erlebt werden. Bei diesem gegenseitigen Feedback kommt es nicht darauf an, umfassend und vollständig zu sein, sondern die wichtigsten positiven und verbesserungswürdigen Punkte anzusprechen. Dabei gibt es in der Regel unterschiedliche Sichtweisen und Perspektiven.

Hierfür hat es sich als hilfreich erwiesen, dass sich Führungskraft und Mitarbeiter zunächst unabhängig voneinander an Hand bestimmter Leitfragen vorbereiten, um die wichtigsten Punkte stichpunktartig auf einem Flip-Chart zusammenzutragen. Wichtig ist es hierbei, möglichst konkret zu sein. Folgende Formulierungen bieten sich als Leitfragen für die Mitarbeiter bzw. die Führungskraft an (siehe Tabelle 13). Zusätzlich haben die Mitarbeiter die Möglichkeit, sich mit dem Ergebnis des Fragebogens zu beschäftigen, der in der Zwischenzeit von der Personalabteilung ausgewertet wurde.

Im nächsten Schritt der *Präsentation* kommen alle zusammen und die Ergebnisse werden einander vorgestellt. Die Mitarbeiter beginnen, ihre Sichtweise darzustellen. Anschließend präsentiert die FK ihr Ergebnis. Ziel ist dabei zunächst die Sichtweise des anderen – unabhängig davon ob

Tabelle 13:
Vorbereitung des Auswertungsgesprächs

Mitarbeitersicht		Sicht der Führungskraft	
Was wir an unserer FK schätzen, womit wir zufrieden sind.	Was wir uns anders vorstellen, an Veränderungen wünschen.	Was mir als FK gut gelingt, womit ich zufrieden bin.	Wo ich mir unsicher bin, was mir eher schwer fällt.
– ...	– ...	– ...	– ...
– ...	– ...	– ...	– ...

man sie richtig oder falsch findet – zu verstehen. Nachfragen sind hierfür selbstverständlich erlaubt. Es sollte an dieser Stelle jedoch nicht bereits bei einzelnen Punkten in eine Diskussion eingestiegen werden.

Im folgenden *Auswertungsschritt* geht es darum, das so entstandene Gesamtbild zu bewerten und sich über die Bedeutung zu verständigen. Dabei sollten alle zu Wort kommen und sich an den folgenden Fragen orientieren:
- Wo gibt es Übereinstimmungen und Gemeinsamkeiten?
- Wo gibt es Unterschiede in den Sichtweisen und wie lassen sie sich erklären?
- Was hat mich gefreut, was stimmt mich eher nachdenklich?
- Worauf können wir stolz sein und was sollten wir beibehalten?
- Welche Probleme sind deutlich geworden, was wollen wir ändern?

Wenn das eine oder andere Problem deutlich geworden ist, ist es nun möglich an der *Problemlösung* zu arbeiten. Häufig lassen sich die Lösungen schnell finden oder Probleme haben sich bereits erledigt, nachdem Missverständnisse ausgeräumt wurden. Wenn der Sachverhalt etwas komplizierter ist, sollte das Problem genauer analysiert werden:
- Was ist das Problem genau, wo tritt es auf?
- Wozu führt das Problem, was sind die Konsequenzen?
- Welche Ursachen gibt es (Verhalten, Technik, Organisation)?
- Welche Ideen und Vorschläge gibt es, das Problem zu lösen und welche Lösungsmöglichkeit wird gewählt?

Ist eine Lösung gefunden, sollte eine Vereinbarung getroffen werden, wer was bis wann unternehmen wird, um das Problem zu lösen. Zum *Abschluss* sollte jeder Gelegenheit haben, mitzuteilen, wie zufrieden er oder sie persönlich mit dem Gespräch war und was beim nächsten Mal noch verbessert werden kann.

6 Literaturempfehlungen

Felfe, J. (2005). *Charisma, transformationale Führung und Commitment.* Köln: Kölner Studien Verlag.

Fiege, R., Muck, P. M. & Schuler, H. (2006). Mitarbeitergespräche. In H. Schuler (Hrsg.), *Lehrbuch der Personalpsychologie*. 2. Aufl., 471–522, Göttingen: Hogrefe.

Hossiep, R., Bittner, J. & Berndt, W. (2008). *Mitarbeitergespräche – wirksam, nachhaltig, motivierend.* Göttingen: Hogrefe.

Neuberger, O. (2002). *Führen und führen lassen.* Stuttgart: Lucius & Lucius.

Rosenstiel, L.v., Regnet, E. & Dunsch, M. (2003). *Führung von Mitarbeitern.* Schäffer-Poeschel.

Wegge, J. (2004). *Führung von Arbeitsgruppen.* Göttingen: Hogrefe.

Wunderer, R. (2000). *Führung und Zusammenarbeit: eine unternehmerische Führungslehre.* Neuwied: Kriftel.

7 Literatur

Abele, A. E. (2002). Geschlechterdifferenz in der beruflichen Karriereentwicklung. Warum sind Frauen weniger erfolgreich als Männer? In B. Keller & A. Michau (Hrsg.), *Frauen machen Karriere in Wissenschaft, Wirtschaft und Politik. Chancen nutzen, Barrieren überwinden* (S. 49–63), Baden-Baden: Nomos.

Abele, A. E., Hoff, E. & Hohner, H.-U. (Hrsg.). (2003). *Frauen und Männer in akademischen Professionen. Berufsverläufe und Berufserfolg.* Heidelberg: Asanger.

Abele, A. E. (2005). Ziele, Selbstkonzept und Work-Life-Balance bei der längerfristigen Lebensgestaltung. Befunde der Erlanger Längsschnittstudie BELA-E mit Akademikerinnen und Akademikern. *Zeitschrift für Arbeits- und Organisationspsychologie, 49,* 176–186.

Adams, S. (1997). Das Dilbert Prinzip. *Die endgültige Wahrheit über Chefs, Konferenzen, Manager und andere Martyrien.* Landsberg/Lech: Moderne Industrie.

Allerbeck, M. (1977). *Ausgewählte Probleme der Führungsforschung – eine empirische Studie.* München: Dissertation.

Andreßen, P. & Konradt, U. (2007). Messung von Selbstführung: Psychometrische Überprüfung der deutschsprachigen Version des Revised Self-Leadership Questionnaire. *Zeitschrift für Personalpsychologie, 6,* 117–128.

Antonakis, J., Avolio, B. J. & Sivasubramaniam, N. (2003). Context and leadership: An examination of the nine-factor full-range leadership theory using the Multifactor Leadership Questionnaire (MLQ Form 5x). *Leadership Quarterly, 14,* 261–295.

Ashkanasy, N. M. & Tse, B. (2000). Transformational management of emotion: A conceptual review. In N. M. Ashkanasy & C. E. Haertel (Eds.), *Emotions in the workplace: Research, Theory and Practice* (pp. 221–235), Westport, CT: Quorum Books/ Greenwood Publishing Group.

Atkinson, J. W. (1958). Towards experimental analysis of human motivation in terms of motives, expectancies, and incentives. In J. W. Atkinson (Ed.), *Motives in fantasy, action, and society.* Princeton: Van Nostrand.

Barling, J., Weber, T. & Kelloway, E. K. (1996). Effects of transformational leadership training on attitudinal and financial outcomes: A field experiment. *Journal of Applied Psychology, 81,* 827–832.
Bass, B. M. (1985). *Leadership and performance beyond expectations.* New York: The Free Press.
Bass, B. M. (1998). *Transformational leadership. Industrial, military, and educational impact.* Mahwah, NJ: LEA.
Bass, B. M. (1999). Two decades of research and development in transformational leadership. *European Journal of Work and Organizational Psychology, 8,* 9–32.
Bass, B. M. & Steidlmeier, P. (1999). Ethics, character, and authentic transformational leadership behavior. *Leadership Quarterly, 10,* 181–217.
Bauer, R. (1995). Coaching. In A. Kieser (Hrsg.), *Handwörterbuch der Führung,* 200–211, Stuttgart.
Becker, G. S. (1957). *The Economics of Discrimination.* Chicago.
Bennis, W. & Nanus, B. (1985). *Leaders: The strategies for taking chance.* New York: Harper & Row.
Berne, E. (1967). *Spiele der Erwachsenen.* Reinbeck: Rowohlt.
Blake, R. R. & Mouton, J. (1964): *The Managerial Grid: The Key to Leadership Excellence.* Houston: Gulf Publishing Co.
Blickle, G. (2004). Einflusskompetenz in Organisationen. *Psychologische Rundschau, 55,* 82–93.
Blickle, G. & Boujataoui, M. (2005). Mentoren, Karriere und Geschlecht: Eine Feldstudie mit Führungskräften aus dem Personalbereich. *Zeitschrift für Arbeits- und Organisationspsychologie, 49,* 1–11.
Bono, J. E. & Judge, T. A. (2004). Personality and transformational and transactional leadership: A meta analysis. *Journal of Applied Psychology, 89,* 901–910.
Borkenau, P. & Ostendorf, F. (1993). NEO-Fünf-Faktoren-Inventar (NEO-FFI) nach Costa und McCrae. Göttingen: Hogrefe.
Brader, D. & Lewerenz, J. (2006). Frauen in Führungspositionen. An der Spitze ist die Luft dünn. In *IAB-Kurzbericht, 2/24.2,* Nürnberg: Bundesagentur für Arbeit.
Brown, M. E., Treviño, L. K. & Harrison, D. A. (2005). Ethical leadership: A social learning perspective for construct development and testing. *Organizational Behavior & Human Decision Processes, 97,* 117–134.
Brunstein, J. B. & Maier, G. (1996). Persönliche Ziele: Ein Überblick zum Stand der Forschung. *Psychologische Rundschau, 47,* 146–160.
Bryman, A. (1992). *Charisma and Leadership in Organizations.* Sage Publications: CA: Newbury Park.
Bühler, W. & Siegert, T. (1999). (Eds.), Unternehmenssteuerung und Anreizsysteme. Stuttgart: Schäffer-Poeschel.
Church, A. H. & Waclawski, J. (1998). The relationship between individual personality orientation and executive leadership behaviour. *Journal of Occupational and Organizational Psychology, 71,* 99–125.
Conger, J. A. & Kanungo, R. N. (1988). *Charismatic leadership. The elusive factor in organizational effectiveness.* San Francisco, CA.: Jossey-Bass.
Conger, J. A. & Kanungo, R. N. (1994). Charismatic leadership in organizations. Perceived behavioral attributes and their measurement. *Journal of Organizational Behavior, 15,* 439–452.
Costa, P. T., Jr. & McCrae, R. R. (1992). Normal personality assessment in clinical practice: The NEO Personality Inventory. *Psychological Assessment, 4,* 5–13.

Crant, J. M. & Bateman, T. S. (2000). Charismatic leadership viewed from above: The impact of proactive personality. *Journal of Organizational Behavior, 21,* 63–75.
Deal, J. & Stevenson, M. A. (1998). Perceptions of female and male managers in the 1990s. *Sex Roles, 38,* 287–300.
Dreher, G. F. & Cox, T. H. (1996). Race, gender, and opportunity: A study of compensation attainment and the establishment of mentoring relationships. *Journal of Applied Psychology, 81,* 297–308.
Dvir, T., Eden, D. & Lang Banjo, M. L. (1995). Self-fulfilling prophecy and gender: Can women be Pygmalion and Galatea? *Journal of Applied Psychology, 80,* 253–270.
Dvir, T., Eden, D., Avolio, B. J. & Shamir, B. (2002). Impact of transformational leadership on follower development and performance: A field experiment. *Academy of Management Journal, 45,* 735–744.
Eagley, A. H., Makhijani, M. G. & Klonsky, B. G. (1992). Gender and leadership style: A meta-analysis. *Education Administration Quaterly, Feb.,* 76–102.
Eden, D. & U. Leviathan (1975). Implicit leadership theory as a determinant of the factor structure underlying supervisory behavior scales. *Journal of Applied Psychology, 60,* 736–741.
Etzel, S. & Küppers, A. (2002). Innovative Managementdiagnostik. Göttingen: Hogrefe Verlag.
Evans, M. G. (1970). The Effects of Supervisory Behavior on the Path-Goal Relationship. *Organizational Behavior and Human Performance, 5,* 277–298.
Felfe, J. (2006a). Validierung einer deutschen Version des „Multifactor Leadership Questionnaire" (MLQ 5 X Short) von Bass und Avolio (1995). *Zeitschrift für Arbeits- und Organisationspsychologie, 50,* 61–78.
Felfe, J. (2006b). Transformationale und charismatische Führung – Stand der Forschung und aktuelle Entwicklungen. *Zeitschrift für Personalpsychologie, 5,* 163–176.
Felfe, J. & Heinitz, K. (2008). The impact of followers' and leaders' personality and perceived similarity on followers' perceptions of transformational leadership and leader acceptance. In J. Deller & D. S. Ones (Eds.), *Personality and Work* (pp. 197–217). München, Mezing: Rainer Haupp Verlag.
Felfe, J. & Heinitz, K. (in press). The impact of consences and agreement of leadership perceptions on commitment, OCB and customer satisfaction. European Journal of Work and Organizational Psychology.
Felfe, J. & Liepmann, D. (2008). *Organisationsdiagnistik.* Göttingen: Hogrefe.
Felfe, J. & Petersen, L.-E. (2007). Romance of leadership and management decision making. *European Journal of Work- and Organizational Psychology, 16,* 1–24.
Felfe, J. & Schyns, B. (2006). Personality and the perception of transformational leadership: The impact of extraversion, neuroticism, personal need for structure, and occupational self-efficacy. *Journal of Applied Social Psychology, 36,* 708–741.
Felfe, J. & Schyns, B. (in press). Followers' personality and the perception of transformational Leadership: Further evidence for the similarity hypothesis. British Journal of Management.
Fennekels, G. P. (1995). *Quantitative Führungsstil-Analyse.* Göttingen: Hogrefe Verlag.
Fiedler, F. E. (1967). *A theory of leadership effectiveness.* New York: McGraw-Hill.
Fisseni, H. J. & Fennekels, G. P. (1995). *Das Assessment-Center. Eine Einführung für Praktiker.* Göttingen: Verlag für Angewandte Psychologie.
Fittkau, B. & Fittkau-Garthe, H. (1971). *Fragebogen zur Vorgesetzten-Verhaltens-Beschreibung (FVVB).* Göttingen: Hogrefe.

Fleishman, E. A. (1953). Leadership climate and human relations training. *Personnel Psychology, 6,* 205–222.
Fleishman, E. A. (1973). Twenty Years of Consideration and Structure. In E. A. Fleishman & J. G. Hunt (Eds.), *Current Developments in the Study of Leadership,* pp. 1–37. Carbondale, IL.
Fleishman, E. A. (1989). *Supervisory Behavior Description Questionnaire (SBD) examiner's manual.* Park Ridge, IL: Science Research Associates.
French, J. R. P. & Raven, B. H. (1959). The bases of social power. In D. Cartwright (Ed.), *Studies in social power,* 150–167, Ann Arbor: University of Michigan.
Frese, M., Beimel, S. & Schoenborn, S. (2003). Action training for charismatic leadership: Two evaluations of studies of a commercial training module on inspirational communication of a vision. *Personnel Psychology, 56,* 671–697.
Frey, D. & Schmook, R. (1995). Zukünftiges Ideenmanagement: Strategien zur Optimierung und Aktivierung des betrieblichen Vorschlagwesens. *Personalführung, 2,* 116–125.
George, J. M. (2000). Emotions and Leadership: The role of emotional intelligence. *Human Relations, 53,* 1027–1055.
Gerstner, C. R. & Day, D. V. (1997). Meta-analytic review of leader-member exchange theory: Correlates and construct issues. *Journal of Applied Psychology, 82,* 827–844.
Geyer, A. & Steyrer, J. (1994). Transformationale Führung, klassische Führungstheorien und Erfolgsindikatoren von Bankbetrieben. *Zeitschrift für Betriebswirtschaft, 64,* 961–979.
Graen, G. B. & Uhl-Bien, M. (1995). The transformation of professionals into self-managing and partially self-dressing contributors: Towards a theory of leadership-making. *Journal of Management Systems, 3,* 33–48.
Green, S. G. & Mitchell, T. R. (1979). Attributional processes of leaders in leadermember interactions. *Organizational Behavior and Human Performance, 23,* 429–458.
Goleman, D. (2000). Leadership that gets results. *Harvard Business Review, March–April,* 78–90.
Guzzo, R. A., Jette, R. D. & Katzell, R. A. (1985). The effects of psychologically based intervention programs on worker productivity: A meta-analysis. *Personnel Psychology, 38,* 275–291.
Heilman, M. E., Wallen, A. S., Fuchs, D. & Tamkins, M. M. (2004). Penalties for success: Reactions to women who succeed at male gender-typed tasks. *Journal of Applied Psychology, 89,* 416–427.
Hemphill, J. K. & Coons A. E. (1957). Development oft the leader behavior description questionnaire. In R. M. Stogdill & A. E. Coons (Eds.), *Leader behavior: Its description and measurement.* Columbus, Ohio.
Hersey, P. & Blanchard, K. H. (1996). Life Cycle Theory of Leadership. *Training and Development Journal, January,* 42–47.
Higgins C. A., Judge, T. A. & Ferris G. R. (2003). Influence tactics and work outcomes: A meta-analysis. *Journal of Organizational Behavior, 24,* 89–106.
Hinkin, T. R. & Tracey, J. B. (1999). The relevance of charisma for transformational leadership in stable organizations. *Journal of Organizational Change Management, 12,* 105–119.
Hobbes, T.: *Leviathan*, Stuttgart 1970, Reclam.
Hornke, L. F. (2004). Normen, Standards, Richtlinien auch für die Personalarbeit. In L. Hornke & U. Winterfeld (Hrsg.), *Eignungsbeurteilungen auf dem Prüfstand: DIN 334630 zur Qualitätssicherung,* 9–25, Heidelberg: Spektrum Akademischer Verlag.

Hossiep, R., Bittner, J. E. (2006). Reden wir darüber … Der stille Erfolg des Mitarbeitergesprächs in deutschen Unternehmen. *Wirtschaftspsychologie aktuell, 2/3,* 41–44.

Hossiep, R. & Paschen, M. (2003). Bochumer Inventar zur berufsbezogenen Persönlichkeitsbeschreibung (BIP) (2. Aufl.). Göttingen: Hogrefe

House, R. J. (1977). A theory of charismatic leadership. In J. G. Hunt & L. L. Larson (Eds.), *Leadership: The cutting edge*, 189–207, Southern Il.: University Press.

House, R. J., Hanges, P., Javidan, M., Dorfman, P. W. & Gupta, V. (2004). *Leadership and organizations: A 62 nation GLOBE study.* Thousand Oaks, CA: Sage.

House, R. J. & Howell, J. M. (1992). Personality and charismatic leadership. *Leadership Quarterly, 3,* 81–108.

House, R. J. (1971). A path-goal theory of leader effectiveness. *Administrative Science Quaterly, 16,* 321–338.

Howell, J. M. & Hall-Merenda, K. E. (1999). The ties that bind: The impact of leader-member exchange, transformational and transactional leadership, and distance on predicting follower performance. *Journal of Applied Psychology, 84,* 680–694.

Howell, J. M. & Shamir, B. (2005). The role of followers in the charismatic leadership process: Relationships and their consequences. *Academy of Management Review, 30,* 96–112.

Howell, J. M. & Avolio, B. J. (1992). The ethics of charismatic leadership: Submission or liberation. *Academy of Management Executive, 6,* 43–54.

Judge, T. A., Piccolo, R. F. & Ilies, R. (2004). The forgotten ones? A re-examination of consideration, initiating structure, and leadership effectiveness. *Journal of Applied Psychology, 89,* 36–51.

Judge, T. A., Bono, J. E., Ilies, R. & Gerhardt, M. W. (2002). Personality and leadership: A qualitative and quantitative review. *Journal of Applied Psychology, 87,* 765–780.

Judge, T. A. & Piccolo, R. F. (2004). Transformational and transactional leadership: A meta-analytic test of their relative validity. *Journal of Applied Psychology, 89,* 755–768.

Kanungo, R. N. (2001). Ethical values of transactional and transformational Leaders. *Canadian Journal of Administrative Sciences, 18,* 257–265.

Kanungo, S. (2002). Information village: Bridging the digital divide in rural India. *Proceedings of the seventh International Working Conference of IFIP WG 9.4, Information and Communication Technologies and Development: New Opportunities, Perspectives and Challenges, Indian Institute of Management Bangalore, May,* 29–31.

Kerr, S. & Jermier, J. M. (1978). Substitutes for leadership: Their meaning and measurement. *Organizational Behavior and Human Performance, 22,* 375–403.

Klein, K. J. & House, R. (1995). On fire: Charismatic leadership and levels of analysis. *Leadership Quarterly, 6,* 183–198.

Kleinbeck, U. & Schmidt, K. H. (1996). Die Wirkungen von Zielsetzungen auf das Handeln. In J. Kuhl & H. Heckhausen (Hrsg.), *Enzyklopädie der Psychologie.* Teilband C/IV/4, Kognition, Motivation und Handlung (S. 875–907). Göttingen: Hogrefe.

Kleinmann, M. (1997). *Assessment-Center.* Göttingen: Verlag für Angewandte Psychologie.

Lewin, K., Lippitt, R. & White, R. K. (1939). Patterns of Aggressive Behavior in Experimentally Created Social Climates. *Journal of Social Psychology, 10,* 271–99.

Likert, R. (1961). *New Patterns of Management.* New York: McGraw-Hill.

Lim, B. C. & Ployhart, R. E. (2004). Transformational leadership. Relations to the five-factor model and team performance in typical maximum contexts. *Journal of Applied Psychology, 89,* 610–621.

Lippit, R. & White, R. K. (1943). The „social climate" of children's groups. In R. G. Barker et al. (Eds.). *Child behavior and development* (485–508). New York,.

Littmann-Wernli, S. (1999). *Gleichstellung auf dem Arbeitsmarkt.* Zürich: Rüegger-Verlag.
Littmann-Wernli, S. & Schubert, R. (2001). Frauen in Führungspositionen. Ist die „gläserne Decke“ diskriminierend? *Arbeit. Zeitschrift für Arbeitsforschung, Arbeitsgestaltung und Arbeitspolitik, 10,* 135–148.
Lock, M. & Wheeler, R. (2005). *Leadership Judgement Indicator.* Göttingen: Hogrefe.
Locke, E. A. & Latham, G. P. (1990). *A theory of goal setting and task performance.* Englewood Cliffs, NJ: PrenticeHall.
Locke, E. A. & Latham, G. P. (1984). *Goal setting: A motivational technique that works.* Englewood Cliffs, NJ: Prentice Hall.
Lord, R. G. & Maher, K. J. (1991). *Leadership and information processing: Linking perception and performance.* Boston: Unwin Hyman.
Lord, R. G., Foti, R. J. & De Vader, C. L. (1984). A test of leadership categorization theory: internal structure, information processing, and leadership perceptions. *Organizational Behavior and Human Performance, 34,* 343–78.
Lord, R. G., De Vader, C. L., Alliger, G. M. (1986). A meta-analysis of the relationships between personality traits and leadership perceptions. *Journal of Applied Psychology, 71,* 402–410.
Lowin, A. & Craig, J. R. (1968). The influence of level of performance on managerial style: An experimental object-lesson in the ambiguity of correlational data. *Organizational Behavior and Human Performance, 3,* 440–458.
Mahoney, T. A., Jerdee, T. H. & Carroll, S. J. (1965). The Job(s) of Management. *Industrial Relations, 2,* 97–110.
Manz, C. C. & Sims, H. P. Jr. (1987). Leading workers to lead themselves: The external leadership of self-managing work teams. *Administrative Science Quarterly, 32,* 106– 129.
MacKenzie, S. B., Podsakoff, P. M. & Rich, G. A. (2001). Transformational and transactional leadership and salesperson performance. *Journal of the Academy of Marketing Science, 29,* 115–134.
Meindl, J. R., Ehrlich, S. B. & Dukerich, J. M. (1985). The Romance of Leadership. *Administrative Science Quarterly, 30,* 78–102.
Margerison, C. J. & Kakabadse, A. (1985). *How American chief executives succeed.* New York: American Management Associates.
Mintzberg, H. (1975). The manager's job: folklore and fact. *Harvard Business Review, July–August,* 49–61.
Mitchell, T. R. (1995). Führungstheorien – Attributionstheorie. In A. Kieser, G. Reber & R. Wunderer (Hrsg.), *Handwörterbuch der Führung* (847–861). Stuttgart: Poeschel.
Mitchell, T. R. & Wood, R. E. (1980). Supervisors' responses to subordinate poor performance. A test of an attributional model. *Organizational Behavior and Human Performance, 25,* 123–138.
Morrison, A. & v. Glinow, M. (1990). Women and minorities in management. *American Psychologist, 45,* 200–208.
Morrison, A. M., White, R. M., Van Velsor, E. & the Center for Creative Leadership (1992). *Breaking the Glass Ceiling: Can Women Reach the Top of America's Largest Corporations?* Reading, Mass.: Addison-Wesley.
Müller, W. R. & Dachler, H. P. (1988). Führungsentwicklung als reflexiver Prozess. *Organisationsentwicklung,* 39–52.
Nachreiner, F. (1978). *Die Messung des Führungsverhaltens. Zur Validität von Fragebogen zur Beschreibung des Vorgesetztenverhaltens.* Bern: Huber.
Neuberger, O. (1995). *Mikropolitik. Der alltägliche Aufbau und Einsatz von Macht in Organisationen.* Stuttgart: Enke.

Neuberger, O. (2001). *Das Mitarbeitergespräch. Praktische Grundlagen für erfolgreiche Führungsarbeit.* Leonberg: Rosenberger Fachverlag.

Neuberger, O. (1996). Mikropolitik: Stand der Forschung und Reflexion. Research in micropolitics: State of the art and critical relfections. *Zeitschrift für Arbeits- und Organisationspsychologie, 50,* 189–203.

Neubert, M.J. (1998). The value of feedback and goal setting over goal setting alone and potential moderators of this effect: A meta-analysis. *Human Performance, 11* (4), 321–335.

Neuman, G.A., Edwards, J.E. & Raju, N.S. (1989). Organizational development interventions: A meta-analysis of their effects on satisfaction and other attitudes. *Personnel Psychology, 42,* 461–483.

Osterloh, M. & Littmann-Wernli, S. (2000). Die „gläserne Decke": Realität und Widersprüche. In S. Peters & N. Bensel (Hrsg.), *Frauen und Männer im Management. Diversity in Diskurs und Praxis* (123–139). Wiesbaden: Gabler.

Pastor, J.C., Meindl, J.R. & Mayo, M. (2002). A network effects model of charisma attributions. *Academy of Management Journal, 45,* 410–420.

Pearce, C.L. (2004). The future of leadership: Combining vertical and shared leadership to transform knowledge work. *Academy of Management Executive, 18,* 47–57.

Perrow, C. (1970). *Organization analysis: A sociological view.* Belmont, CA: Wadsworth.

Peter, L.J. & Hull, R. (1969). *The Peter Principle: why things always go wrong*. New York: William Morrow & Company, Inc.

Peters, L.H., Hartke, D.D. & Pohlmann, J.T. (1985). Fiedler's Contingency Theory of Leadership: An application of the meta-analysis procedures of Schmidt and Hunter. *Psychological Bulletin, 97,* 274–285.

Ployhart, R.E., Lim, B.-C. & Chan, K.-Y. (2001). Exploring relations between typical and maximum performance ratings and the five factor model of personality. *Personnel Psychology, 54,* 809–843.

Podsakoff, P.M., MacKenzie, S.B., Moorman, R.H. & Fetter, R. (1990). Transformational leader behaviors and their effects on followers' trust in leader, satisfaction and organizational citizenship behaviors. *Leadership Quarterly, 1,* 107–142.

Podsakoff, P.M., Bommer, W.H., Podsakoff, N.P. & MacKenzie, S.B. (2006). Relationships between leader reward and punishment behavior and subordinate attitudes, perceptions, and behaviors: A meta-analytic review of existing and new research. *Organisational Behavior and Human Decision Process, 99,* 113–142.

Powell, G.N. (1999). Reflections on the glass ceiling. In G.N. Powell (Ed.), *Handbook of gender and work* (325–345). Thousand Oaks, CA: Sage.

Powell, G.N., Butterfield, D.A. & Parent, J.D. (2002). Gender and managerial stereotypes: Have the times changed? *Journal of Management, 2,* 177–193.

Price, T.L. (2003). The ethics of authentic transformational leadership. *Leadership Quarterly, 14,* 67–81.

Ragins, B.R. & Cotton, J.L. (1991). Easier said than done: Gender differences in perceived barriers to gaining a mentor. *Academy of Management Journal, 34,* 939–951.

Ragins, B.R., Cotton, J.L. & Miller, J. (2000). Marginal mentoring: the effects of type of mentor, quality of relationship, and program design on work and career attitudes. *Academy of Management Journal, 43,* 1177–1194.

Rodgers, R. & Hunter, J.E. (1991). Impact of management by objectives on organization productivity. *Journal of Applied Psychology, 75,* 322–336.

Rosenthal, R. & Jacobson, L. (1968). *Pygmalion in the classroom.* New York: Holt, Rinehart & Winston.

Schein, V. E., Mueller, R., Lituchy, T. & Liu, J. (1996). Think Manager – Think Male: A Global Phenomenon? *Journal of Organizational Behavior, 17,* 33–41.

Scherm, M. & Sarges, W. (2002). *360°-Feedback*. Göttingen: Hogrefe.

Schmidt, K. H. & Kleinbeck, U. (2006). *Führen mit Zielvereinbarung*. Göttingen: Hogrefe.

Schreyögg, G. & Noss, C. (1995). Organisatorischer Wandel – Von der Organisationsentwicklung zur Lernenden Organisation. *Die Betriebstwirtschaft, 55,* 169–185.

Schuler, H. (2002). *Das Einstellungsinterview.* Göttingen: Hogrefe.

Schulz von Thun, F. (1981). *Miteinander reden: Störungen und Klärungen. Psychologie der zwischenmenschlichen Kommunikation*. Reinbek: Rowohlt.

Schyns, B., Felfe, J. & Blank, H. (2007). The relationship between romance of leadership and the perception of Transformational/Charismatic Leadership: A Meta-Analysis. *Applied Psychology: An International Review, 56,* 505–527.

Schyns, B. & von Collani, G. (2002). A new occupational self-efficacy scale and its relation to personality constructs and organizational variables. *European Journal of Work and Organizational Psychology, 11,* 219–241.

Sczesny, S. (2003). A closer look beneath the surface: Various facets of the think-manager – think-male stereotype. *Sex Roles, 49,* 353–363.

Shamir, B., House, R. J. & Arthur, M. B. (1993). The motivational effects of charismatic leadership: A self-concept based theory. *Organization Science, 4,* 577–594.

Shamir, B. & Howell, J. M. (1999). Organizational and contextual influences on the emergence and effectiveness of charismatic leadership. *Leadership Quarterly, 10,* 257–283.

Silverthorne, C. (2001). Leadership effectiveness and personality: A cross cultural evaluation. *Personality and Individual Differences, 30,* 303–309.

Sims, H. P. Jr. (1977). The leader as manager of reinforcement contingencies: an empirical example and a model. In J. G. Hunt & L. L. Larson (Eds.), *Leadership: The Cutting Edge.* Southern Illinois University Press, Carbondale, IL.

Six, B. & Felfe, J. (2006). Arbeitszufriedenheit im interkulturellen Vergleich. In L. Fischer (Hrsg.), *Arbeitszufriedenheit*, 243–272, Göttingen: Hogrefe.

Spencer, S. J., Steele, C. M. & Quinn, D. M. (1999). Stereotype threat and women's math performance. *Journal of Experimental and Social Psychology, 35,* 4–28.

Staehle, W. (1999). *Management.* 9. Aufl., München: Vahlen.

Steele, C. M. & Aronson, J. (1995). Stereotype threat and the intellectual test performance of African-Americans. *Journal of Personality and Social Psychology, 69,* 797–811.

Steinle, C., Bruch, H. & Heinen, M. (1997). Führung und Moderation: Möglichkeiten der Veränderung traditioneller Führung. *Personal, 49,* 496–501

Steyrer, J. (1999). Charisma in Organisationen – zum Stand der Theorienbildung und empirischen Forschung. In G. Schreyögg & J. Sydow (Hrsg.), *Managementforschung*, 143–197, Berlin: Walter de Gruyter.

Stogdill, R. M. (1948). Personal factors associated with leadership: a survey of the literature. *Journal of Psychology, 25,* 35–71.

Stogdill, R. M. (1950). Leadership, membership and organization. *Psychological Bulletin, 47,* 1–14.

Stogdill, R. M. (1963). *Manual for the LBDQ-Form XII.* Columbus, Ohio: The Bureau of Business Research, The Ohio State University.

Tannenbaum, R. & Schmidt, W. H. (1973). How to Choose a Leadership Pattern. *Harvard Business Review, May–June,* 162–180.

Townsend, B. (1996). Room at the top for women. *American Demographics and Consumer Trends,* 28–37.

Van Knippenberg, B. & van Knippenberg, D. (2005). Leader self-sacrifice and leadership effectiveness. The moderating role of leader prototypicality. *Journal of Applied Psychology, 90,* 25–37.

Vroom, V. H. & Jago, A. G. (2007). The role of situation in leadership. *American Psychologist, 62,* 17–24.

Vroom, V. (1964). *Work and Motivation.* New York: Wiley.

Vroom, V. H. & Yetton, P. W. (1973). *Leadership and decision making.* Pittsburg, Pa.: University of Pittsburg Press.

Waldman, D. A., Ramirez, G. G., House, R. J. & Puranam, P. (2001). Does leadership matter? CEO leadership attributes and profitability under conditions of perceived environmental uncertainty. *Academy of Management Journal, 44,* 134–143.

Waldman, D. A., Javidan, M. & Varella, P. (2004). Charismatic leadership at the strategic level: A new application of upper echelons theory. *The Leadership Quarterly, 15,* 355–380.

Walumbwa, F. O., Avolio, B. J., Gardner, W. L., Wersing, T. S. & Peterson, S. J. (2008). Authentic Leadership: Development and Validation of a Theory-Based Measure. *Journal of Management, 34,* 89–126

Weber, M. (1922/1976). *Wirtschaft und Gesellschaft.* Tübingen: Mohr (P. Siebeck).

Wegge, J. & von Rosenstiel, L. (2004). Führung. In H. Schuler (Hrsg.), *Lehrbuch Organisationspsychologie.* Bern: Huber.

Wetterer, A. (1995). Dekonstruktion und Alltagshandeln. In A. Wetterer (Hrsg.), *Die soziale Konstruktion von Geschlecht in Professionalisierungsprozessen.* Frankfurt.

Wunderer, R. & Grunwald, W. (1980). *Führungslehre. Band I: Grundlagen.* Berlin/New York: De Gruyter.

Yukl, G. A. & Falbe, C. M. (1991). Importance of different power sources in downward and lateral relations. *Journal of Applied Psychology, 76,* 416–43.

Yukl, G. (1999). An evaluation of conceptual weaknesses in transformational and charismatic leadership research. *Leadership Quarterly, 10,* 285–305.

Yukl, G. (2002). *Leadership in Organizations.* (5. Aufl.). New Jersey: Prentice-Hall, 253–254.

Zaleznik, A. (1977). Managers and leaders: Are they different? *Harvard Business Review,* 67–78.

Zhu, W., Chew, I. K. H. & Spangler, W. D. (2005). CEO transformational leadership and organizational outcomes: The mediating role of human-capital-enhancing human resource management. *Leadership Quarterly, 16,* 39–52.

Jörg Felfe

Mitarbeiter-bindung

(Reihe: »Wirtschaftspsychologie«)
2008, 259 Seiten, geb.,
€ 36,95 / sFr. 62,–
ISBN 978-3-8017-2132-9

Das Buch zeigt psychologische Dimensionen und Mechanismen der Mitarbeiterbindung auf und vermittelt notwendige Kenntnisse, Ansätze und Strategien zur Erhaltung und Steigerung der Bindung. Der Leser erhält einen komprimierten Überblick über die einschlägigen Konzepte und die relevanten empirischen Befunde zu Bedingungen und Konsequenzen von Bindung und Identifikation. Besonders thematisiert wird die Mitarbeiterbindung im Zusammenhang mit Fusionen, Zeitarbeit sowie in unterschiedlichen Kulturen.

Martin Kersting

Qualität in der Diagnostik und Personalauswahl – der DIN-Ansatz

2008, 212 Seiten,
€ 29,95 / sFr. 49,90
ISBN 978-3-8017-2151-0

Die DIN-Norm 33430 aus dem Jahr 2002 beschreibt Qualitätsstandards für die berufsbezogene Eignungsbeurteilung und legt Anforderungen für alle an der Eignungsbeurteilung beteiligten Personen fest. Diese Qualitätskriterien werden ausführlich vorgestellt. Das Buch bietet sechs thematisch geordnete Checklisten, mit denen man prüfen kann, ob die eigenen Prozesse den Qualitätsstandards der DIN-Norm 33430 gerecht werden bzw. welche konkreten Optimierungsmöglichkeiten bestehen.

Heinz Schuler
Karlheinz Sonntag (Hrsg.)

Handbuch der Arbeits- und Organisations-psychologie

(Reihe: »Handbuch der Psychologie«, Band 6)
2007, 838 Seiten, geb.,
€ 59,95 / sFr. 99,–
(Bei Abnahme von mind. 4 Bänden der Reihe € 49,95 / sFr. 84,–)
ISBN 978-3-8017-1849-7

Das Handbuch vermittelt die Essenz des heutigen Wissens auf dem Gebiet der Arbeits- und Organisationspsychologie. Auf der Basis der wichtigsten Theorien und Methoden spannen die Beiträge einen weiten Bogen, der von der Arbeitsgestaltung über individuelles und Gruppenverhalten, Personalgewinnung und -auswahl bis zur Veränderung von Organisationen reicht. Das Handbuch eignet sich zur raschen und kompetenten Information für alle, die an Fragen der Arbeits- und Organisationspsychologie interessiert sind.

Jörg Felfe
Detlev Liepmann

Organisations-diagnostik

(Reihe: »Kompendien Psychologische Diagnostik«, Band 10)
2008, 140 Seiten,
€ 24,95 / sFr. 42,–
ISBN 978-3-8017-1702-5

Das Buch gibt einen Überblick darüber, wie die Komplexität organisationalen Geschehens erfasst werden kann. Vorrangige Strategie ist hierbei die Integration der individuellen Ebene (Erleben, Befinden und Verhalten), der Gruppenebene (Team, Kommunikation, Interaktion) sowie der organisationalen Ebene (Struktur, Kontext, Kultur). Die exemplarisch vorgestellten Erhebungsinstrumente berücksichtigen sowohl historisch gut eingeführte und erprobte Verfahren als auch neuere Entwicklungen. Der Band vermittelt zudem einen Einblick in die wichtigsten Anwendungsfelder und Strategien, bei denen Organisationsdiagnostik erforderlich ist.

HOGREFE

Hogrefe Verlag GmbH & Co. KG
Rohnsweg 25 · 37085 Göttingen · Tel: (0551) 49609-0 · Fax: -88
E-Mail: verlag@hogrefe.de · Internet: www.hogrefe.de